ARITHMÉTIQUE RAISONNÉE

ARITHMÉTIQUE
RAISONNÉE

PAR

le P. J. CHARLET, S. J.

PARIS
rue des Saints-Pères, 30
J. LEFORT, IMPRIMEUR, ÉDITEUR
A. TAFFIN-LEFORT, Successeur
rue Charles de Muyssart, 24
LILLE

Lille. — Typ. A. Taffin-Lefort, rue Charles de Muyssart, 24.

PRÉFACE

On se plaint souvent de ne pas avoir une arithmétique théorique, dégagée à la fois de beaucoup de détails pratiques qu'on est censé connaître et aussi d'une foule de corollaires accumulés pour faire éviter les surprises dans les examens pour les Écoles.

L'Arithmétique raisonnée que nous proposons aujourd'hui remplit ces conditions.

Elle a d'abord le mérite d'être courte et par suite de provoquer l'ardeur dans le travail de l'assimilation.

Elle contient tous les principes substantiels par lesquels on légitime les opérations de calcul qu'il convient de savoir exécuter.

Ces principes sont disposés dans un ordre naturel et rigoureux qui habitue les jeunes intelligences à une logique sévère.

Une fois possédés, ils deviennent une base solide sur laquelle s'établira aisément l'édifice soit de l'Arithmétique complète soit de l'Algèbre.

Cette arithmétique paraît donc utile pour tous, comme fondement sérieux d'études mathématiques plus développées ; elle convient directement à l'enseignement classique propre au baccalauréat ès lettres ; elle convient à l'enseignement des écoles professionnelles et aussi à tout enseignement scientifique qui a pour but direct l'exercice des facultés intellectuelles.

ARITHMÉTIQUE RAISONNÉE

NOTIONS PRÉLIMINAIRES

1. Quantité. Unité. Nombre. Arithmétique. Numération.

On appelle *quantité* tout ce qui est susceptible d'augmentation ou de diminution.

Pour évaluer une quantité, il faut la comparer à une autre quantité connue de même espèce.

L'*unité* est une quantité fixe et choisie arbitrairement, qui sert de terme de comparaison à toutes les quantités de même espèce.

On appelle *nombre* le résultat de la comparaison d'une quantité avec son unité.

Un nombre est dit *abstrait* quand on ne désigne pas l'espèce d'unité à laquelle il se rapporte. Ex. 5. Il est dit *concret*, quand cette espèce d'unité est désignée : Ex. 5 mètres.

Un nombre est dit *entier* quand il contient un nombre exact d'unités ; sinon, il est dit *fractionnaire*.

Un nombre est dit *incomplexe* quand il se rapporte à une seule espèce d'unités : il est dit *complexe* quand il se rapporte à plusieurs espèces d'unités dont les unes sont les subdivisions d'une autre. Ex. 5 heures 3 minutes 8 secondes.

L'*arithmétique* est la science des nombres.

La *numération* est l'art d'énoncer ou d'écrire toutes sortes de nombres par une combinaison simple de mots ou de caractères.

CHAPITRE I

Numération des nombres entiers.

2. Numération des nombres entiers.

On est convenu de donner aux neuf premiers nombres les noms : un, deux, trois, quatre, cinq, six, sept, huit, neuf, et de les représenter par les caractères 1, 2, 3, 4, 5, 6, 7, 8, 9.

Arrivé à dix, on est convenu de compter par dizaines comme on avait compté par unités, et de dire : dix, deux dix (vingt), trois dix (trente), etc., en intercalant entre chaque dizaine les neuf premiers nombres et disant : dix-un (onze), dix-deux (douze), vingt-un, vingt-deux, etc. — On est convenu aussi de représenter les dizaines par les mêmes caractères que les unités, sauf à les placer au second rang à gauche. — On est aussi convenu de prendre le caractère 0, nommé zéro, pour remplacer les ordres manquants.

Arrivé à dix-dix ou cent, on a compté par centaines comme on avait compté par dizaines et par unités, et on a dit : Cent, deux cents, etc., en intercalant entre chaque centaine les 99 premiers nombres. — On a représenté les centaines par les mêmes caractères que les unités, sauf à les placer au troisième rang à gauche.

Arrivé à dix cents ou mille, on a considéré ce nombre comme une nouvelle unité simple, et on a compté par unités de mille, dizaines et centaines de mille, comme on avait compté par unités, dizaines et centaines d'unités, en intercalant entre chaque mille les 999 premiers nombres. — On a du reste représenté les mille, les dizaines de mille, les centaines de mille par les mêmes caractères que les unités simples, sauf à les placer au 4e, 5e, 6e rang à gauche.

Arrivé à mille mille ou million, on a compté jusqu'à mille millions, ou un billion, ou un milliard d'une manière analogue, et suivant aussi la même règle pour la représentation par les caractères.

Et ainsi de suite pour les trillions, les quatrillions, etc.

Les unités simples, les mille, les millions, les billions, etc. forment ce qu'on appelle des *classes* d'unités; chaque classe contient 3 *ordres*, les unités, les dizaines et les centaines.

3. Conséquences de ce système de numération.

1° Dans ce système, une unité d'un ordre quelconque vaut dix unités de l'ordre immédiatement inférieur : *c'est le principe de la numération parlée.*

2° Dans ce système, un chiffre placé à la gauche d'un autre représente des unités dix fois plus grande que cet autre : *c'est le principe de la numération écrite.*

3° Ces deux principes font comprendre pourquoi ce système s'appelle *décimal.*

Le système binaire, le système duodécimal consisteraient à établir des ordres dans lesquels une unité d'un ordre quelconque vaudrait deux, douze unités de l'ordre immédiatement inférieur.

4° On voit donc que dans un nombre chaque chiffre a deux valeurs, sa *valeur absolue* ou valeur propre, et sa *valeur relative,* c'est-à-dire celle qu'il tire de la place qu'il occupe.

4. Lire un nombre écrit. — Écrire un nombre énoncé.

Soit à lire : 527053325.

Par la pensée, diviser à partir de la droite le nombre donné en tranches de trois chiffres : énoncer chaque tranche comme si elle était seule, en ajoutant le nom de sa classe ; chaque tranche s'énonce du reste en exprimant chaque chiffre et y ajoutant le nom de son ordre. On dira donc : Cinq cent deux dix (vingt) sept millions, cinq dix (cinquante) trois mille, trois cent deux dix (vingt) cinq unités.

Si l'on a à écrire un nombre énoncé, écrire chaque classe d'unités, comme s'il s'agissait d'unités simples, en ayant soin que les classes aient le rang qui leur convient, et remplaçant par des zéros les ordres manquants.

CHAPITRE II

Calcul des nombres entiers.

§ I. *Addition et soustraction.*

5. **Addition des nombres entiers.**

L'*addition* est une opération par laquelle on réunit plusieurs nombre en un seul.

Le résultat s'appelle *somme* ou *total ;* les éléments de l'addition s'appellent *parties* ou *termes*. Son signe est +, qui s'énonce : plus.

Il est clair que dans quelque ordre qu'on réunisse les unités de plusieurs nombres, le résultat sera le même : c'est de ce principe évident que se tire *la règle suivante.*

Placer les nombres les uns au dessous des autres de manière que les unités de même ordre soient dans une même colonne ; ajouter séparément les unités, les dizaines, les centaines, etc. Si les unités d'un ordre atteignent le nombre dix, ajouter les dizaines de cet ordre aux unités de l'ordre suivant, n'écrivant que le surplus à la colonne en question.

$$\begin{array}{r} 2583 \\ 325 \\ 473 \\ \hline 3381 \end{array}$$

On appelle *preuve* d'une opération une seconde opération qui tend à constater l'exactitude de la première.

La preuve de l'addition consisterait ici à la recommencer dans un autre sens.

6. **Soustraction des nombres entiers.**

La *soustraction* est une opération par laquelle on retranche un nombre d'un autre.

Le résultat s'appelle *reste, excès* ou *différence.*

Les éléments de la soustraction s'appellent termes de la différence. Son signe est — qui s'énonce : moins.

Il est clair que pour retrancher un nombre d'un autre, il suffit de retrancher séparément unités d'unités, dizaines de dizaines, etc.

Donc *règle* : Placer le plus petit nombre sous le plus grand, retrancher unités d'unités, dizaines de dizaines, etc.

S'il arrive que le chiffre du plus petit nombre soit plus grand que le chiffre correspondant du plus grand, augmenter celui ci de dix unités de son ordre, sauf, pour compenser, à ajouter une unité au chiffre placé immédiatement à gauche dans le plus petit nombre. La soustraction deviendra ainsi possible, et le résultat sera exact. Car *la différence entre deux nombres ne change pas, quand on ajoute à tous les deux un même nombre.*

$$\begin{array}{r} 3427 \\ 688 \\ \hline 2739 \end{array}$$

En pratique on dit : 8 de 17 reste 9 ; 9 de 12 reste 3 ; 7 de 14 reste 7 ; 1 de 3 reste 2.

Comme le résultat 2739 est l'excès de 3427 sur 688, cet excès ajouté à 688 doit reproduire le plus grand nombre. C'est la *preuve* de la soustraction.

§ II. *Multiplication.*

I. Définitions.

7. Multiplication des nombres entiers.

La *multiplication* en général est une opération par laquelle on forme un nombre appelé *produit*, avec un nombre appelé *multiplicande*, comme un autre nombre appelé *multiplicateur* a été formé avec l'unité.

Le multiplicande et le multiplicateur ont le nom commun de *facteurs*.

Le signe est $\times$ ou $\cdot$ qui s'énoncent : multiplié par.

Si l'on a à multiplier 52 par 43, il faudra, d'après la définition générale, former le produit avec 52 comme 43 a été formé avec l'unité ; or 43 a été formé avec l'unité en la répétant 43 fois, donc il faudra former le produit en répétant 43 fois 52.

D'où cette *seconde définition* propre aux nombres entiers :

La multiplication est une opération par laquelle on répète un nombre appelé multiplicande autant de fois qu'il y a d'unités dans le multiplicateur.

Cette seconde définition fait voir que la multiplication des nombres entiers n'est qu'une addition abrégée.

II. Théorèmes relatifs à la multiplication.

8. **Théorème.** — *On peut, sans altérer un produit, intervertir l'ordre des facteurs.*

1° Cas de 2 facteurs.

Je dis que $3 \times 4 = 4 \times 3$.

En effet : $3 \times 4 =$ (7)

$$\begin{matrix} 1 & 1 & 1 \\ 1 & 1 & 1 \\ 1 & 1 & 1 \\ 1 & 1 & 1 \end{matrix}$$

ou en comptant par lignes verticales $= 4 \times 3$.

2° *Dans un produit de plusieurs facteurs, on peut intervertir l'ordre des deux derniers.*

Je dis que $7 \times 6 \times 5 \times 3 \times 4 = 7 \times 6 \times 5 \times 4 \times 3$.

En effet, si j'appelle P le produit $7 \times 6 \times 5$

$$P \times 3 \times 4 = \begin{matrix} P + P + P \\ P + P + P \\ P + P + P \\ P + P + P \end{matrix}$$

ou en comptant par lignes verticales :

$$\begin{aligned} &= P \times 4 + P \times 4 + P \times 4 \\ &= P \times 4 \times 3 \\ &= 7 \times 6 \times 5 \times 4 \times 3 \end{aligned}$$

3° *Dans un produit de plusieurs facteurs, on peut intervertir l'ordre de 2 facteurs consécutifs.*

Je dis que $7 \times 6 \times 5 \times 3 \times 4 = 7 \times 5 \times 6 \times 3 \times 4$.
En effet $7 \times 6 \times 5 = 7 \times 5 \times 6$ (d'après 2°).
Donc $7 \times 6 \times 5 \times 3 \times 4 = 7 \times 5 \times 6 \times 3 \times 4$.

4° *On peut intervertir l'ordre des facteurs d'une manière quelconque.*

Je dis que $5 \times 4 \times 2 \times 3 = 3 \times 2 \times 4 \times 5$.

En effet, on a, en appliquant successivement le 1°, 2° et 3° :

$$
\begin{aligned}
5 \times 4 \times 2 \times 3 &= 5 \times 4 \times 3 \times 2 \\
&= 5 \times 3 \times 4 \times 2 \\
&= 3 \times 5 \times 4 \times 2 \\
&= 3 \times 5 \times 2 \times 4 \\
&= 3 \times 2 \times 5 \times 4 \\
&= 3 \times 2 \times 4 \times 5
\end{aligned}
$$

9. **Théorème.** — *Pour multiplier un produit par un nombre il suffit de multiplier un de ses facteurs par ce nombre.*

Soit le produit $42 = 2 \times 3 \times 7$
Je dis que $42 \times 5 = 2 \times 5 \times 3 \times 7$
En effet $42 \times 5 = 2 \times 3 \times 7 \times 5$
$= (8)\ 2 \times 5 \times 3 \times 7$.

10. **Théorème.** — *Pour multiplier un nombre par un produit il suffit de multiplier ce nombre par un facteur, le résultat par un second, et ainsi de suite.*

Soit le produit $42 = 2 \times 3 \times 7$
Je dis que $5 \times 42 = 5 \times 2 \times 3 \times 7$
En effet $5 \times 42 = (8)\ 42 \times 5$
$= 2 \times 3 \times 7 \times 5$
$= (8)\ 5 \times 2 \times 3 \times 7$.

11. **Théorème.** — *Pour multiplier une somme ou une différence par un nombre, il suffit de multiplier chaque terme*

par ce nombre en faisant la somme ou la différence des produits partiels.

Soit 42 = 50 + 2 − 10

Je dis que 42 × 3 = 50 × 3 + 2 × 3 − 10 × 3

En effet 42 × 3 = 50 + 2 − 10
50 + 2 − 10
50 + 2 − 10, ou en comptant par

lignes verticales = 50 × 3 + 2 × 3 − 10 × 3.

III. Divers cas.

12. Multiplication de deux nombres d'un chiffre.

Cette multiplication qui se fait de mémoire peut s'opérer d'une manière mécanique par la *table de Pythagore*.

Dans cette table, la première ligne horizontale se compose des 9 premiers nombres; la seconde des 9 premiers nombres multipliés par 2 qui en est le premier nombre; la troisième des 9 premiers nombres multipliés par 3 qui en est le premier nombre, et ainsi de suite jusqu'à la 9e.

Il est clair que dans cette table chaque nombre est le produit du premier nombre de sa colonne verticale par le premier de sa ligne horizontale.

TABLE DE PYTHAGORE

1	2	3	4	5	6	7	8	9
2	4	6	8	10	12	14	16	18
3	6	9	12	15	18	21	24	27
4	8	12	16	20	24	28	32	36
5	10	15	20	25	30	35	40	45
6	12	18	24	30	36	42	48	54
7	14	21	28	35	42	49	56	63
8	16	24	32	40	48	56	64	72
9	18	27	36	45	54	63	72	81

13. Multiplication d'un nombre par 10, 100, 1000, etc.

Cette multiplication s'opère en ajoutant 1, 2, 3, zéros à la suite du nombre.

En effet, de cette manière, chaque chiffre recule de 1, 2, 3,... rangs: donc chaque chiffre représente des unités 10, 100, 1000 fois plus grandes; donc chaque partie du nombre devient 10, 100, 1000 fois plus grande; donc le nombre entier (11) est lui-même 10, 100, 1000 fois plus grand.

14. Multiplication de nombres terminés par des zéros.

Règle : Multiplier sans faire attention aux zéros, sauf à ajouter au produit autant de zéros qu'il y en avait dans les deux facteurs.

Soit à multiplier 4700 par 350

Nous avons : $4700 \times 350 = (10)\ 47 \times 100 \times 35 \times 10$
$= (8)\ 47 \times 35 \times 100 \times 10$
$= (10)\ 47 \times 35 \times 1000$
$= (13)\ 47 \times 35$ suivis de trois zéros.

15. Multiplication d'un nombre quelconque par un nombre d'un chiffre.

Il suffit de multiplier les unités, les dizaines, les centaines du multiplicande par le multiplicateur en ajoutant les produits partiels (11).

16. Multiplication de deux nombres quelconques. Preuve.

Soit à multiplier 4532 par 486.

Il suffit (7) de répéter 4532 486 fois, c'est-à-dire 6 fois, puis 80 fois, puis 400 fois, et d'ajouter les produits partiels. La multiplication par 6 que nous savons faire (15) donne 27192. La multiplication par 80 revient (14) à multiplier par 8, ce que nous savons faire, et à ajouter un zéro, ce qui donne 362560. La multiplication par 400 revient à multiplier par 4, sauf à ajouter deux zéros, ce qui donne 1812800.

Il reste à ajouter les produits partiels, ce qui donne 2202552

```
   4532
    486
-------
  27192
 362560
1812800
-------
2202552
```

En pratique, on n'ajoute pas les zéros barrés dans les produits partiels, comme inutiles pour l'addition de ces produits.

La preuve de la multiplication peut se faire en intervertissant l'ordre des facteurs. Le produit doit être le même (8).

17. Puissance. Exposant.

On appelle *puissance* d'un nombre tout produit de facteurs égaux à ce nombre.

Un nombre est dit élevé à la 2e puissance ou au carré, à la 3e puissance ou au cube, à la 4e puissance, quand il est pris 2, 3, 4 fois comme facteur.

On appelle *exposant* un petit chiffre placé à droite et au-dessus d'un nombre pour indiquer combien de fois le nombre est pris comme facteur.

Ainsi $2^2 = 2 \times 2 = 4$

$2^3 = 2 \times 2 \times 2 = 8$

$3^2 = 3 \times 3 = 9$

§ III. *Division.*

I. Définitions.

18. Division des nombres entiers.

La division, en général, est une opération par laquelle étant donné un produit appelé *dividende*, et un de ses facteurs appelé *diviseur* on cherche l'autre facteur appelé *quotient*.

Le dividende et le diviseur ont le nom commun de termes.

24 à diviser par 6 s'écrit 24 : 6.

De cette définition il suit que le dividende est égal au diviseur multiplié par le quotient D = d. q.

Dans la division des nombres entiers, le quotient complet d'ordinaire n'est pas entier. On se contente alors de chercher le plus grand facteur entier qui multiplié par le diviseur donne un produit contenu dans le dividende.

Dans ce cas, on doit dire que le dividende égale le diviseur multiplié par le quotient, plus le reste : D = d. q + r, et l'on *définit la division* des nombres entiers une opération par laquelle on cherche combien de fois (quoties, quotient) un nombre en contient un autre : définition qui montre que la division des nombres entiers n'est qu'une soustraction abrégée.

II. Théorèmes préliminaires relatifs à la division.

19. **Théorème.** — *Pour diviser un produit par un nombre, il suffit de diviser un de ses facteurs par ce nombre.*

En effet, puisque (9) on rend un produit 5 fois plus grand en rendant un de ses facteurs 5 fois plus grand, il est clair qu'on rend un produit 5 fois plus petit en rendant un de ses facteurs 5 fois plus petit.

20. **Théorème.** — *Pour diviser un nombre par un produit, il suffit de diviser ce nombre par un facteur, le résultat par un second et ainsi de suite.*

Puisque (10) on rend un produit 60 fois plus grand en le rendant d'abord 5 fois plus grand et ensuite le résultat 12 fois plus grand, il est clair qu'on rend un nombre 60 fois plus petit en le rendant d'abord 12 fois plus petit et ensuite le résultat 5 fois plus petit. (Voir *Appendice*, nota I.)

21. **Théorème.** — *Pour diviser une somme ou une différence par un nombre, il suffit de diviser chaque terme par ce nombre en faisant la somme ou la différence des quotients partiels.*

Puisque (11) on rend par exemple 80 + 40 10 fois plus grand en rendant chaque partie 10 fois plus grande, il est clair qu'on rend par exemple 800 + 400 10 fois plus petit en rendant chaque partie 10 fois plus petite.

III. Divers cas.

22. **Diviser par un nombre d'un chiffre un nombre qui ne le contient pas 10 fois.**

Cette division qui doit se faire de mémoire peut s'opérer d'une manière mécanique par la table de Pythagore.

En effet, prenez le diviseur dans la première ligne horizontale, et suivez la colonne qui le contient jusqu'au nombre qui approche le plus du dividende par défaut ; le quotient est évidemment le premier nombre de la ligne horizontale renfermant ce nombre.

23. **Diviser par un nombre d'un chiffre un nombre quelconque.**

Il suffit (21) de diviser chaque partie de ce nombre, en ajoutant les quotients partiels.

Comme l'on sait par cœur les produits des 9 premiers nombres deux à deux, il est facile de décomposer à première vue le nombre en parties exactement divisibles par le diviseur.

Soit à diviser 654321 par 7

Je puis dire : 654321 = 63 diz. de m. + 21 m. + 28 cent. + 49 diz. + 28 un. + 3 un.
Le quotient sera donc (21) = 9 diz. de m. + 3 m. + 4 c. + 7 d. + 4 u.

ou 93474 avec le reste 3

En pratique on dit :

En 65, 9 fois pour 63, et il reste 2
En 24, 3 fois pour 21, et il reste 3
En 33, 4 fois pour 28, et il reste 5
En 52, 7 fois pour 49, et il reste 3
En 31, 4 fois pour 28, et il reste 3

24. **Diviser par un nombre un nombre qui ne le contient pas 10 fois.**

Soit 5432 à diviser par 639.

Puisque $639 \times 10 > 5432$, il est clair que le quotient est < 10.

Voici comment je raisonne pour trouver le chiffre du quotient :

Puisque le dividende doit contenir le produit du diviseur par le quotient, il est certain que les centaines du dividende doivent contenir le produit des centaines du diviseur par le quotient, produit qui ne peut donner que des centaines. Donc si je divise les centaines du dividende par les centaines du diviseur (en général, si je divise par les plus hautes unités du diviseur, les unités de même ordre du dividende,) j'aurai le chiffre du quotient ou un chiffre trop fort.

Je m'assurerai qu'il n'est pas trop fort, en multipliant le diviseur par le quotient trouvé, et en voyant si le produit peut se retrancher du dividende.

L'usage apprend à trouver tout d'abord et sans tâtonner le vrai chiffre du quotient.

Si, pour éviter les tâtonnements, on a mis au quotient un chiffre trop faible, on constate l'erreur à ce signe que le produit du diviseur par le quotient, retranché du dividende, donne un reste plus grand que le diviseur.

25. Division de deux nombres quelconques.

Soit à diviser 597432 par 892

Je remarque d'abord que le dividende étant compris entre 89200 et 892000, le quotient sera compris entre 100 et 1000, et par suite aura des centaines, des dizaines et des unités.

Je dis que pour avoir le chiffre des centaines du quotient, il suffit de diviser les centaines du dividende, ici 5974, par le diviseur, ce que nous savons faire (24) et ce qui nous donne 6. En effet, dire que 6 est le quotient de 5974 par 892, c'est dire que :

$$6 \times 892 < 5974 < 7 \times 892$$

Donc si je multiplie les 3 membres par 100, nous avons :

$$600 \times 892 < 597400 < 700 \times 892$$

Mais dans la première inégalité, les deux derniers membres différaient au moins d'une unité ; donc dans la seconde, ils diffèrent au moins d'une centaine et l'inégalité subsistera si j'ajoute 32 à 597400 et je puis écrire :

$$600 \times 892 < 597432 < 700 \times 892$$

ce qui prouve que le dividende est compris entre 600 et 700 fois le diviseur ; donc que le quotient est compris entre 600 et 700. Or entre 600 et 700 tous les nombres commencent par 6 ; donc 6 est bien le chiffre des centaines du quotient.

Je multiplie 892 par 600, ce qui donne 535200, que je retranche du dividende. Le reste 62232 contient encore le produit du diviseur par les dizaines et les unités du quotient, plus peut-être un reste.

Je prouverais, comme plus haut, que pour avoir les dizaines du quotient, il suffit de diviser les dizaines du nouveau dividende ou 6223 par le diviseur, ce qui me donne 6.

Je multiplie 892 par 60, ce qui me donne 53520 qui, retranchés de 62232, donnent pour reste 8712.

Il reste à diviser 8712 par 892, ce qu'on sait faire (24), et ce qui donne 9.

En pratique, on fait la soustraction des produits du diviseur par les chiffres du quotient, sans écrire ces produits. De plus, on n'abaisse les chiffres du dividende qu'à mesure qu'on en a besoin.

Opération théorique.

```
597432 | 892
535200 |----
------ | 669
 62232
 53520
 -----
  8712
  8028
  ----
   684
```

Opération pratique.

```
597432 | 892
 6223  |----
  8712 | 669
   684
```

26. **Théorème**. — *Quand on multiplie ou divise un dividende et un diviseur par un nombre, le quotient entier ne change pas, et le reste est multiplié ou divisé par ce nombre.*

Soit D un dividende, d un diviseur, q le quotient entier, et r le reste :

On a : $$D = d \times q + r$$

D'où en multipliant les deux membres par m :

$$D \times m = d \times m \times q + r \times m \quad (10 \text{ et } 11)$$

Égalité qui montre que si nous considérons $D \times m$ comme nouveau dividende et $d \times m$ comme nouveau diviseur, le quotient entier sera encore égal à q, puisque $r \times m$ étant moindre que le nouveau diviseur $d \times m$, à cause de $r < d$, sera nécessairement le nouveau reste.

27. Preuve de la division.

Si l'opération est bonne, le produit du diviseur par le quotient doit égaler le dividende, diminué du reste : c'est la preuve de la division.

CHAPITRE III

Propriétés des Nombres entiers.

§ I. *Théorie du plus grand commun diviseur.*

28. **Diviseur ou facteur. — Multiple.**

Un nombre est *diviseur* ou *facteur* d'un autre nombre quand il y est contenu un nombre exact de fois. Ainsi 3 est facteur de 9.

On dira que 3 est diviseur commun à 9 et à 18.

Parmi les diviseurs communs à plusieurs nombres, le plus grand s'appelle leur *plus grand commun diviseur*. (P. G. C. D.)

Un nombre est *multiple* d'un autre nombre quand il le contient un nombre exact de fois. Ainsi 9 est multiple de 3.

On dira que 36 est commun multiple de 3, 6, 9.

Parmi les multiples communs à plusieurs nombres, le plus petit s'appelle leur *plus petit commun multiple*. (p. p. c. m.)

29. **Théorème.** — *Tout nombre qui divise les parties d'une somme divise la somme.*

En effet, un nombre exact de fois un nombre, plus un nombre exact de fois ce nombre donne un nombre exact de fois ce nombre.

30. **Théorème.** — *Tout nombre qui divise une partie d'une somme et qui ne divise pas l'autre, ne divise pas la somme.*

En effet, un nombre exact de fois un nombre, plus un nombre inexact de fois ce nombre, donne un nombre inexact de fois ce nombre.

31. **Théorème.** — *Tout nombre qui divise une somme et une partie divise l'autre.*

En effet, s'il ne divisait pas l'autre, il ne diviserait pas la somme (30).

32. **Théorème.** — *Tout nombre qui divise un nombre divise ses multiples.*

C'est le théorème 29 sous une autre forme, puisque le multiple d'un nombre n'est qu'une somme dont ce nombre forme chaque partie.

33. **Théorème.** — *Tout nombre qui divise un dividende et un diviseur, divise le reste; et tout nombre qui divise un diviseur et un reste, divise le dividende.*

Nous avons en général D = d × q + r

Tout nombre qui divise D (somme) et d divise (32) d × q, son multiple, donc divise r, l'autre partie (31).

Tout nombre qui divise d et r, divise d × q et r; donc, divisant les deux parties de la somme, il divise la somme D (29).

Donc tous les diviseurs communs au dividende et au diviseur sont les mêmes que tous les diviseurs communs au diviseur et au reste, donc *le P.G.C.D entre le dividende et le diviseur est le même que le P.G.C.D. entre le diviseur et le reste.*

C'est le principe de la recherche du P.G.C.D. par divisions successives.

34. **Chercher le P.G.C.D. entre deux nombres.**

Soit à chercher le P.G.C.D. entre 102 et 18.

Je dis : Si 18 divisait 102, 18 serait le P.G.C.D. entre 102 et 18.

J'essaie et je trouve pour quotient 5 et pour reste 12.

Or je sais (33) que le P.G.C.D. entre 102 et 18 est le même qu'entre 18 et 12.

Je dis donc encore : Si 12 divisait 18, il serait le P.G.C.D. cherché.

J'essaie et trouve 1 pour quotient et 6 pour reste.

Je suis donc amené (33) à chercher le P.G.C.D. entre 12 et 6 qui est 6.

6 étant le P.G.C.D. entre 6 et 12, l'est entre 12 et 18 et aussi entre 18 et 102 (33).

L'opération se dispose comme ci-dessous :

	5	1	2
102	18	12	6
12	6	0	

Donc Règle : Diviser le plus grand nombre par le plus petit, le plus petit par le premier reste, le premier reste par le second, jusqu'à ce qu'il n'y ait plus de reste. Le dernier diviseur est le P. G. C. D.

Scolie. D'après la manière dont se forme le P. G. C. D., je remarque :

1° Que tout diviseur de deux nombres divise leur P. G. C. D. (33).

2° Que si l'on multiplie ou divise deux nombres par un troisième, leur P. G. C. D. est aussi multiplié ou divisé par ce troisième (26).

§ II. *Caractères de divisibilité.*

35. **Théorème.** — *Un nombre est divisible par 2 et par 5 quand son dernier chiffre l'est.*

En effet, tout nombre peut se décomposer en dizaines et unités ; or la partie des dizaines comme multiple de $10 = 2 \times 5$ est toujours divisible par 2 et par 5. Donc (29 et 30) le nombre le sera ou ne le sera pas selon que la partie des unités le sera ou ne le sera pas.

36. **Théorème.** — *Un nombre est divisible par 4 et par 25 quand le nombre formé par ses deux derniers chiffres l'est.*

En effet, tout nombre peut se décomposer en centaines et unités ; or la partie des centaines comme multiple de $100 = 4 \times 25$ est toujours divisible par 4 et par 25. Donc (29 et 30) le nombre le sera ou ne le sera pas suivant que l'autre partie le sera ou ne le sera pas.

On prouverait d'une manière analogue qu'un nombre est divisible par 8 *et par* 125 ($8 \times 125 = 1000$), quand le nombre formé par ses trois derniers chiffres l'est.

37. **Théorème.** — *Un nombre est divisible par 9 (et par 3) quand la somme de ses chiffres l'est.*

Je remarque d'abord que $10 = 9 + 1$, $100 = 99 + 1 =$ multiple de $9 + 1$; en général qu'une unité d'un ordre quelconque est un multiple de 9 + 1. Donc 2, 3, 4 unités d'un ordre quelconque sont des multiples de 9 + 2, 3, 4....

Ceci posé, soit le nombre 43256. Nous avons :

$$\begin{aligned} 43256 &= 40000 + 3000 + 200 + 50 + 6 \\ &= \text{m. de } 9 + 4 + \text{m. de } 9 + 3 + \text{m. de } 9 + 2 + \text{m. de } 9 + 5 + 6 \\ &= \text{M. de } 9 + 4 + 3 + 2 + 5 + 6 \\ &= \text{M. de } 9 + \text{somme des chiffres.} \end{aligned}$$

Tout nombre peut donc se décomposer en deux parties dont l'une est essentiellement divisible par 9 : donc le nombre le sera ou ne le sera pas, suivant que l'autre partie, c'est-à-dire, la somme des chiffres, le sera ou ne le sera pas.

SCOLIE. Si un nombre divisé par 9 donne un reste, ce reste ne peut provenir que de la seconde partie. Donc on aura le reste de la division par 9 d'un nombre en divisant par 9 la somme des chiffres.

Cette preuve est applicable à la *divisibilité par* 3.

On prouverait d'une manière analogue qu'un nombre est *divisible par* 11, *quand la différence entre la somme des chiffres d'ordres impairs et celle des chiffres d'ordres pairs est divisible par* 11.

38. **Théorème.** — *Le reste qu'on obtient en divisant par* 9 *un produit est le même que le reste qu'on obtient en divisant par* 9 *le produit des restes obtenus en divisant par* 9 *les deux facteurs.*

Soit P un produit des facteurs A et B.

J'aurai toujours (18) A = m. de 9 + r.
B = m. de 9 + r'.

Donc en multipliant membre à membre et remarquant que 3 des produits partiels sont multiples de 9,

$$A \times B \text{ ou } P = \text{M. de } 9 + r \times r'.$$

Donc, si j'ai un reste en divisant P par 9, le reste sera le même que celui que j'aurai en divisant $r \times r'$ par 9.

39. Preuve par 9 de la multiplication et de la division.

Chercher successivement (37, Scolie) les restes de la division par 9 du produit, du multiplicande, du multiplicateur, et du produit de ces deux derniers restes ; le premier et le dernier doivent être les mêmes (38) si l'opération est bien faite.

Souvent l'opération se dispose comme il suit

453				
26			6	
2718		3		8
906			6	
11778				

Dans la division, comme le dividende diminué du reste doit être le produit du diviseur par le quotient, il suffit d'employer la méthode précédente, en considérant le diviseur et le quotient comme les facteurs, et le dividende diminué du reste comme produit.

§ III. *Nombres premiers.*

40. Nombres premiers. Nombres premiers entre eux.

Un nombre est *premier* quand il n'a d'autre diviseur que lui-même ou l'unité, comme 1, 2, 3, 5, 7, 11, 13, 17, 19, 23, 29.

Deux nombres sont *premiers entre eux* quand ils n'ont d'autre diviseur commun que l'unité, comme 8 et 15.

41. Théorème. — *Tout nombre qui divise un produit et est premier avec un facteur divise l'autre.*

Soit n qui divise a × b et qui est premier avec a ; je dis qu'il divise b.

n	a
1	
nb	ab
b	

En effet, n et a étant premiers entre eux, ont pour P.G.C.D. 1. Si je multiplie n et a par b, le P.G.C.D. entre n × b et a × b sera aussi (34 scolie) multiplié par b ; il sera donc b.

Or, n divise n × b son multiple, et ab par hypothèse, donc il divise b (34, Scolie).

42. **Théorème.** — *Tout nombre premier qui divise un produit divise un des facteurs.*

Soit 3, nombre premier qui divise $a \times b \times c \times d$.

Si 3 ne divise pas a, il est premier avec a, donc divise l'autre facteur $(b \times c \times d)$ (41).

Divisant $b \times c \times d$, s'il ne divise pas b, il est premier avec b, donc divise l'autre facteur $c \times d$.

Divisant $c \times d$, s'il ne divise pas c, il est premier avec c, donc il divise d.

43. **Théorème.** — *Tout nombre premier qui divise une puissance d'un nombre, divise ce nombre.*

Soit 3, nombre premier qui divise a^5. Dire qu'il divise a^5, c'est dire qu'il divise aaaaa, donc il divise l'un des facteurs (42), donc il divise a.

44. **Théorème.** — *Si deux nombres sont premiers entre eux, leurs puissances sont premières entre elles.*

En effet, le nombre premier qui diviserait les deux puissances diviserait les deux nombres (43), ce qui est contraire à l'hypothèse.

45. **Théorème.** — *Si un nombre est divisible par plusieurs nombres premiers deux à deux, il l'est par leur produit.*

Soit un nombre A, divisible par 8, 15, 77, premiers entre eux.

Puisque 8 divise A, on a : $A = 8\,n$.

Or 15 divise A, donc il divise $8\,n$, et comme il est premier avec 8, il divise n ; donc $n = 15\,n'$.

De même 77 divisant A, divise $8\,n$ et comme il est premier avec 8, il divise n. Divisant n, il divise $15\,n'$, et comme il est premier avec 15, il divise n', donc $n' = 77\,n''$.

Donc $A = 8\,n = 8 \times 15\,n' = 8 \times 15 \times 77\,n''$.

Donc A est divisible par le produit $8 \times 15 \times 77$.

De ce théorème on peut déduire plusieurs *nouveaux cas de divisibilité.*

Un nombre, par exemple, est divisible par 6 quand il l'est par 2 et par 3 ;

par 12, quand il l'est par 3 et par 4 ;
par 15, » par 3 et par 5 ;
par 75, » par 3 et par 25.

46. **Théorème.** — *Un nombre n'est décomposable qu'en un seul système de facteurs premiers.*

Supposons qu'un nombre soit à la fois égal aux produits de facteurs premiers abcd, a'b'c'd'. On aurait donc :

$$abcd = a'b'c'd'.$$

Mais a divise abcd, son multiple, donc divise a'b'c'd' l'égal d'abcd ; donc divise un des facteurs (42), a' par exemple ;
Donc a = a', d'après la définition des nombres premiers (40).

Donc $$bcd = b'c'd'.$$

Mais b divise bcd, donc divise b'c'd', donc divise un de ses facteurs, b' par exemple, donc b = b'.

Donc $$cd = c'd'.$$

Mais c divise cd, donc divise c'd', donc divise un de ses facteurs, c' par exemple, donc c = c'. Donc d = d'.
Donc les deux systèmes n'en font qu'un.

47. **Décomposer un nombre en facteurs premiers.**

Règle : Divisez par 2 autant de fois que possible, puis par 3, puis par 5, et successivement par les nombres premiers, autant de fois que possible, jusqu'à ce que vous obteniez pour quotient l'unité.

720	2
360	2
180	2
90	2
45	3
15	3
5	5
1	

Donc $720 = 2^4 \times 3^2 \times 5$.

Pratiquement, la décomposition se ferait plus rapidement si l'on divisait immédiatement par 10, par 9, par 8.

§ IV. *Recherche du P.G.C.D. et du p.p.c.m. par la méthode des facteurs premiers.*

48. **Théorème.** — *Pour qu'un nombre en divise un autre, il faut et il suffit qu'il ne contienne pas d'autres facteurs premiers que cet autre, ni de facteurs premiers à une puissance plus élevée.*

1° *Il le faut.* Soit $360 = 2^3 \times 3^2 \times 5$, et soit a qui le divise.

On aurait donc $360 = a \times n$. Si a avait d'autres facteurs premiers que 360 ou des facteurs premiers à une puissance plus élevée, 360 serait décomposable en deux systèmes de facteurs premiers.

2° *Cette condition suffit.* Soit $a = 2^2 \times 3$ qui remplit cette condition. Je puis toujours grouper les facteurs de a qui sont dans 360, et les mettre en avant, et dire :

$$360 = 2^2 \times 3 \times 2 \times 3 \times 5$$
$$= a \times 2 \times 3 \times 5 = \text{multiple de a.}$$

L'énoncé précédent peut prendre cette forme :

Pour qu'un nombre soit divisible par un autre, il faut et il suffit qu'il contienne tous les facteurs premiers de cet autre, et ces facteurs à une puissance au moins aussi élevée.

49. **Trouver le P. G. C. D. entre plusieurs nombres par la méthode des facteurs premiers.**

Règle : Décomposez les nombres en facteurs premiers ; prenez tous les facteurs communs avec leur plus haut exposant commun.

Le nombre ainsi trouvé sera diviseur de ces nombres puisqu'il ne contient pas d'autres facteurs premiers qu'eux ni de facteurs à une puissance plus élevée (48).

Ce nombre sera leur plus grand commun diviseur. En effet, puisqu'il est (48) de l'essence de tout diviseur de plusieurs nombres, de ne contenir que des facteurs communs à une puissance commune, celui qui contient tous les diviseurs communs à la plus haute puissance commune sera le plus grand.

Exemple :

360	60	72	180
$2^3 \times 3^2 \times 5$	$2^2 \times 3 \times 5$	$2^3 \times 3^2$	$2^2 \times 3^2 \times 5$

P.G.C.D. $= 2^2 \times 3 = 12$.

50. Trouver le p.p.c.m. de plusieurs nombres par la méthode des facteurs premiers.

Règle : Décomposez les nombres en facteurs premiers ; prenez tous les facteurs différents qui se trouvent dans ces nombres avec leur plus haut exposant.

Le nombre ainsi trouvé sera multiple de ces nombres puisqu'il contient (48) tous les facteurs de ces nombres à une puissance au moins aussi élevée.

Il sera leur p.p.c.m. En effet, puisqu'il est de l'essence (48) de tout commun multiple de plusieurs nombres de contenir tous leurs facteurs à une puissance aussi élevée ; celui qui ne contient que ces facteurs est le plus petit possible.

Exemple :

360	60	72	180
$2^3 \times 3^2 \times 5$	$2^2 \times 3 \times 5$	$2^3 \times 3^2$	$2^2 \times 3^2 \times 5$

p.p.c.m. $= 2^3 \times 3^2 \times 5 = 360$.

Scolie. On peut trouver le p.p.c.m. de deux nombres par la méthode du P.G.C.D.

Soient deux nombres A et B qui ont des facteurs communs dont l'ensemble constitue leur P.G.C.D. *D*.

A contient ses facteurs spéciaux et les facteurs communs ou D.

B contient ses facteurs spéciaux et les facteurs communs ou D.

AB : D contiendra donc les facteurs communs et les facteurs spéciaux à chacun. Donc il sera leur p.p.c.m., puisqu'il se compose des facteurs de ces nombres pris chacun avec leur plus haut exposant.

Donc règle : Pour obtenir le p.p.c.m. entre deux nombres, divisez leur produit par leur P.G.C.D.

CHAPITRE IV

Fractions ordinaires.

§ I. *Notions préliminaires.*

51. Fractions ordinaires.

On appelle *fraction* une ou plusieurs parties de l'unité divisée en parties égales.

Une fraction s'exprime par deux nombres, appelés termes, séparés par un trait horizontal. Le *dénominateur*, qui est au-dessous, indique en combien de parties l'unité a été divisée ; le *numérateur*, qui est au-dessus, indique combien l'on prend de ces parties.

Une fraction s'énonce en énonçant le numérateur puis le dénominateur, et ajoutant la terminaison ième. Il y a exception pour les dénominateurs 2, 3, 4, pour lesquels on dit : demi, tiers, quart.

52. Une fraction peut servir à compléter un quotient inexact.

Soit 43 : 8. J'ai pour quotient entier 5, et le quotient exact serait 5 + 3 : 8. Mais 3 : 8 c'est le huitième de 3 unités; $\frac{3}{8}$ c'est 3 fois le huitième d'une unité. Donc $3 : 8 = \frac{3}{8}$; donc le quotient exact de 43 par 8 pourra s'écrire $5\,\frac{3}{8}$.

De là vient que le signe d'une fraction est aussi employé comme signe de division.

53. Convertir les entiers en fraction et réciproquement.

Soit 4 à convertir en sixièmes.

Je dis 1 = 6 sixièmes ; donc 4 = 4 fois 6 sixièmes ou $\frac{24}{6}$.

Donc Règle : Multipliez l'entier par le dénominateur de la fraction, et faites du produit le numérateur de la fraction.

Réciproquement, soit à extraire les entiers de $\frac{57}{6}$.

Je dis : Autant de fois $\frac{6}{6}$ est contenu dans $\frac{57}{6}$, ou autant de fois 6 est contenu dans 57, autant il y aura d'unités dans $\frac{57}{6}$.

Donc Règle : Divisez le numérateur par le dénominateur ; le quotient entier donnera les unités contenues dans la fraction.

§ II. *Principales propriétés des fractions.*

54. **Théorème.** — *Si, sans toucher au dénominateur, on multiplie ou divise le numérateur par un nombre, la fraction est rendue ce nombre de fois plus grande ou plus petite.*

En effet, puisque je ne touche pas au dénominateur, les parties de l'unité restent de même valeur ; si donc, par exemple, je multiplie le numérateur par 4, je prends quatre fois plus de ces parties : la fraction devient donc 4 fois plus grande. — C'est l'inverse pour la division.

55. **Théorème.** — *Si, sans toucher au numérateur, on multiplie ou divise le dénominateur par un nombre, la fraction devient ce nombre de fois plus petite ou plus grande.*

En effet, puisque je ne touche pas au numérateur, je prends le même nombre de parties ; si donc, par exemple, je multiplie le dénominateur par 4, les parties dans lesquelles l'unité a été divisée sont 4 fois plus nombreuses, donc 4 fois plus petites : donc la fraction devient 4 fois plus petite. — C'est l'inverse pour la division.

56. **Théorème.** — *On peut, sans altérer la valeur d'une fraction, multiplier ou diviser ses deux termes par un même nombre.*

En effet, en multipliant par exemple le numérateur par 4, on rend la fraction 4 fois plus grande ; en multipliant le dénominateur par 4, on rend la fraction 4 fois plus petite. Donc, en multipliant les 2 termes par 4, on n'a pas altéré la fraction.

57. **Simplifier une fraction.**

Si les deux termes d'une fraction ont un facteur commun, on peut les diviser par ce facteur (56). Les termes deviennent plus simples. Ainsi :

$$\frac{128}{896} = \frac{64}{448} = \frac{16}{112} = \frac{4}{28} = \frac{1}{7}$$

58. **Théorème.** — *Une fraction ne peut être simplifiée quand les deux termes sont premiers entre eux.*

Soit $\frac{8}{15}$ une fraction dont les deux termes sont premiers entre eux.

Je vais prouver que si $\frac{8}{15} = \frac{a}{b}$, a et b sont moins simples que 8 et 15.

En effet, soit $$\frac{8}{15} = \frac{a}{b}$$

En multipliant par b les deux membres de l'égalité, on a (54 et 55)

$$\frac{8\,b}{15} = a \quad (1)$$

Or a est entier; donc $\frac{8\,b}{15}$ est entier ; donc 15 divise 8 b, et comme il est premier avec 8, il divise b. (44). Donc

$$b = 15\ n.$$

Remplaçons dans (1) b par sa valeur ; il vient :

$$\frac{8 \times 15\ n}{15} \text{ ou } 8\ n = a$$

Donc b et a sont moins simples que 15 et 8.

Scolie. Je remarque de plus que b et a sont des équimultiples de 15 et de 8. Si donc je veux (57) par une seule opération simplifier une fraction le plus possible, je n'ai qu'à diviser les deux termes par leur P.G.C.D. Si ces deux nombres ont par exemple pour P.G.C.D. 50, il est clair, (34 scolie) que si je les divise par 50, leur P.G.C.D devenant par cela même 50 fois moindre, devient 1, et par suite les deux nombres deviennent premiers entre eux.

Je remarque encore que deux fractions irréductibles ne peuvent être égales que si elles sont identiques. (Voir *Appendice*, Nota II.)

39. **Réduire des fractions au même dénominateur.**

1re MÉTHODE. Multiplier les deux termes de chaque fraction par le produit des dénominateurs des autres.

Ainsi les fractions n'ont pas changé (56) et elles ont le même dénominateur, le produit de tous les dénominateurs.

Exemple :

$$\frac{2}{3} = \frac{2\times7\times5}{3\times7\times5} = \frac{70}{105}$$

$$\frac{5}{7} = \frac{5\times3\times5}{7\times3\times5} = \frac{75}{105}$$

$$\frac{3}{5} = \frac{3\times3\times7}{5\times3\times7} = \frac{63}{105}$$

2e MÉTHODE. Méthode du p.p.c.m.

Dans cette méthode, on réduit les fractions au plus petit dénominateur possible.

RÈGLE : Décomposer les dénominateurs en facteurs premiers : chercher leur p.p.c.m ; multiplier les deux termes de chaque fraction par les facteurs qui manquent à son dénominateur, pour qu'il devienne le p.p.c.m.

Exemple :

$$\frac{5}{36} \qquad \frac{7}{60} \qquad \frac{11}{45}$$

$$2^2\times3^2 \qquad 2^2\times3\times5 \qquad 3^2\times5$$

$$\text{p.p.c.m.} = 2^2\times3^2\times5 = 180$$

$$\frac{5\times5}{36\times5} \qquad \frac{7\times3}{60\times3} \qquad \frac{11\times2^2}{45\times2^2}$$

$$\frac{25}{180} \qquad \frac{21}{180} \qquad \frac{44}{180}$$

§ III. *Opérations sur les fractions.*

60. Addition des fractions.

Règle : Les réduire au même dénominateur : ajouter les numérateurs et donner au résultat le dénominateur commun.

Ce n'est que l'application du n° 20.

S'il y a des entiers accompagnés de fractions, additionner à part les fractions, extraire les entiers qu'on joint à la somme des entiers.

61. Soustraction des fractions.

Règle : Les réduire au même dénominateur, opérer la soustraction sur les numérateurs, et donner au résultat le dénominateur commun.

Ce n'est encore que l'application du n° 20.

S'il y a des entiers accompagnés de fractions, retrancher à part fraction de fraction et entiers d'entiers.

Si la fraction du plus petit nombre est plus grande que celle du plus grand, ajouter à celle-ci une unité changée en fraction, sauf, par compensation, à ajouter 1 à la partie entière du plus petit nombre.

Ainsi $3\frac{1}{3} - 1\frac{5}{6} = 3\frac{2}{6} - 1\frac{5}{6} = 3\frac{8}{6} - 2\frac{5}{6} = 1\frac{3}{6} = 1\frac{1}{2}$.

62. Multiplication des fractions.

1er cas. *Multiplier une fraction par un nombre entier.*

Nous savons (54 et 55) qu'il suffit de multiplier le numérateur par le nombre entier, ou de diviser le dénominateur par ce nombre. — Avant d'étudier les autres cas, il faut savoir le *sens que l'on doit donner à la multiplication d'un nombre par une fraction.*

Soit $\frac{5}{6}$ à multiplier par $\frac{3}{4}$. D'après la définition générale (7), je dois former un produit avec $\frac{5}{6}$ comme $\frac{3}{4}$ a été formé avec l'unité. Or $\frac{3}{4}$ a été formé avec l'unité en prenant les $\frac{3}{4}$ de l'unité. Donc je dois former le produit avec $\frac{5}{6}$ en prenant les $\frac{3}{4}$ de $\frac{5}{6}$.

Donc en général, multiplier un nombre par une fraction, c'est prendre cette fraction de ce nombre.

2e Cas. *Multiplier un nombre entier par une fraction*, 5 par $\frac{3}{4}$.

Je dois prendre les $\frac{3}{4}$ de 5

le $\frac{1}{4}$ de 5 = $\frac{5}{4}$

les $\frac{3}{4}$ de 5 3 fois plus, donc $\frac{5 \times 3}{4}$.

Donc Règle : Multiplier l'entier par le numérateur de la fraction et donner au produit le dénominateur de la fraction.

3e Cas. *Multiplier une fraction par une fraction*, $\frac{5}{6}$ par $\frac{3}{4}$.

Je dois prendre les $\frac{3}{4}$ de $\frac{5}{6}$

le $\frac{1}{4}$ de $\frac{5}{6}$ $\frac{5}{4 \times 6}$ (55)

les $\frac{3}{4}$ de $\frac{5}{6}$ 3 fois plus $\frac{5 \times 3}{4 \times 6}$.

Donc Règle : Multiplier les numérateurs entre eux et les dénominateurs entre eux.

4e cas. *Multiplier des entiers accompagnés de fraction.*

Convertir les entiers en fractions, et opérer comme précédemment.

Scolie. Les règles de la multiplication de fractions montrent que l'on peut intervertir l'ordre des facteurs fractionnaires sans altérer le produit. Par suite, les Théorèmes des nos 9, 10, sont applicables aux fractions. On prouverait facilement que les Théorèmes des nos 19 et 20 qui sont les réciproques de 9 et de 10 sont aussi généraux.

63. **Division des fractions.**

1er cas. *Division d'une fraction par un nombre entier.*

Nous savons déjà (54 et 55) qu'il suffit de diviser le numérateur ou de multiplier le dénominateur par le nombre entier.

2e CAS. *Division d'un nombre entier par une fraction.*

RÈGLE : Multiplier le nombre entier par la fraction diviseur renversée.

Soit 7 à diviser par $\frac{3}{8}$.

D'après la définition de la division (18), 7 est le produit du quotient par le diviseur $\frac{3}{8}$ et par suite (62) est les $\frac{3}{8}$ du quotient.

Je dis donc :

Les $\frac{3}{8}$ du quotient $= 7$

$\frac{1}{8}$ est 3 fois moindre donc $= \frac{7}{3}$

les $\frac{8}{8}$ ou le quotient lui-même est 8 fois plus grand $= \frac{7 \times 8}{3}$

3e CAS. *Division d'une fraction par une fraction.*

RÈGLE. Multiplier la fraction dividende par la fraction diviseur renversée.

Soit $\frac{3}{8}$ à diviser par $\frac{4}{5}$.

D'après la définition de la division, $\frac{3}{8}$ est le produit du quotient par $\frac{4}{5}$, donc (62) est les $\frac{4}{5}$ du quotient.

Je dis donc :

Les $\frac{4}{5}$ du quotient $= \frac{3}{8}$

$\frac{1}{5}$ est 4 fois moindre donc $\frac{3}{8 \times 4}$

les $\frac{5}{5}$ ou le quotient lui-même est 5 fois plus grand $\frac{3 \times 5}{8 \times 4}$.

4e CAS. *Division d'entiers accompagnés de fraction.*

Réduire les entiers en fraction et agir comme précédemment. (Voir *Appendice*, Nota III.)

CHAPITRE V

Fractions décimales.

§ I. *Notions préliminaires.*

64. **Fractions décimales.**

On appelle *fraction décimale* une fraction dont le dénominateur est 10 ou une puissance de 10.

En étendant la convention du système décimal au delà du chiffre des unités, dont on détermine la place par une virgule, on voit que les chiffres qui suivent la virgule représentent des dixièmes, des centièmes, des millièmes, etc. Ainsi 35,437 pourra *s'énoncer* 35 unités, 4 dixièmes, 3 centièmes, 7 millièmes, ou mieux (si nous remarquons qu'une unité d'un ordre quelconque représente des dizaines, des centaines, etc., par rapport aux chiffres placés à 1, 2, etc., rangs à droite) 35 unités, 437 millièmes, ou même si l'on voulait : 35437 millièmes. La deuxième manière est plus employée.

Pour *écrire* un nombre décimal, faites suivre d'une virgule la partie entière, et écrivez la partie décimale comme si elle était entière, sauf, s'il le faut, à mettre des zéros après la virgule, de manière que le dernier chiffre à droite représente les unités décimales énoncées.

§ II. *Principales propriétés des fractions décimales.*

65. **Théorème.** — *Une fraction décimale ne change pas quand on ajoute des zéros à sa droite.*

En effet, chaque chiffre conserve sa valeur absolue et sa valeur relative (3).

66. **Théorème.** — *Pour multiplier ou diviser un nombre décimal par 10, 100, il suffit de faire marcher à droite ou à gauche la virgule, d'un, de 2 rangs.*

En effet, si j'avance par exemple, la virgule de 3 rangs, chaque chiffre représente (3) des unités 1000 fois plus grandes ; donc le nombre devient 1000 fois plus grand (11).

§ III. *Opérations sur les fractions décimales.*

67. Addition et soustraction.

Il est clair que ce que nous avons dit par rapport aux nombres entiers s'applique aux nombres décimaux, et par suite l'addition et la soustraction se font de la même manière, en plaçant les virgules les unes au dessous des autres, et supposant toujours des zéros à la droite des nombres qui auraient moins de décimales.

68. Multiplication.

RÈGLE : Multiplier sans avoir égard à la virgule, sauf à séparer au produit autant de décimales qu'il y en a dans les facteurs.

Soit à multiplier **3,542** par 4,23.

$$\text{J'ai } 3,542 \times 4,23 = \frac{3542}{1000} \times \frac{423}{100} = \frac{3542 \times 423}{100000}.$$

Donc après avoir multiplié sans avoir égard à la virgule, j'ai à diviser par 100000, ce qui se fait en séparant 5 décimales (66).

69. Division. Division à une approximation décimale donnée.

RÈGLE : 1° Faire marcher la virgule à droite ou à gauche dans les deux termes d'autant de rangs qu'il le faut pour que le diviseur devienne entier ; 2° opérer *alors* sans avoir égard à la virgule, sauf à séparer au quotient autant de décimales qu'on en emploie au dividende.

Soit 7,354 à diviser par 1,3

$$\text{J'ai } 7,354 : 1,3 = 7,354 : \frac{13}{10}$$

$$= 7,354 \times \frac{10}{13} \quad (63)$$

$$= \frac{73,54}{13}.$$

Ce qui légitime la première partie de la règle.

J'ai ensuite $73,54 : 13 = \frac{7354}{100} : 13$

$$= \frac{\frac{7354}{13}}{100} \qquad (54)$$

Ce qui légitime la deuxième partie de la règle.

Il est clair du reste que si je prends le quotient de 7354 par 13 à 1 près, j'ai le quotient exact à 0,01 près.

73,54	13
85	5,65
74	
9	

On se demande si cela serait encore vrai quand même on négligerait des décimales à la droite de 7354, par exemple si on avait 73,54678 : 13. Je réponds affirmativement.

En effet, puisque 565 est le quotient entier de 7354 par 13, je puis écrire

$$13 \times 565 \leqslant 7354 < 13 \times 566$$

Et comme il y a au moins 1 de différence entre les 2 derniers membres,

$$13 \times 565 < 7354,678 < 13 \times 566$$

ou en divisant les 3 membres par 100

$$13 \times 5,65 < 73,54678 < 13 \times 5,66$$

Ce qui veut dire que le quotient cherché est compris entre 5,65 et 5,66, donc est exact à 0,01 près.

Je puis donc conclure que pour diviser un nombre quelconque par un nombre décimal à une approximation donnée, je dois, après avoir observé la première partie de la règle, observer la seconde partie, en ne tenant compte dans le nouveau dividende, à droite de la virgule, que du nombre de décimales que je veux obtenir exactes.

Si le dividende est une fraction ordinaire, je divise le numérateur par le dénominateur, jusqu'à ce que j'obtienne le nombre de décimales exigé.

CHAPITRE VI

Fractions périodiques.

70. **Théorème.** — *Si une fraction irréductible n'a à son dénominateur que les facteurs 2 ou 5, elle peut être convertie en fraction décimale exacte.*

En effet, on pourra toujours multiplier les deux termes de la fraction par 2 ou 5, élevé à une puissance telle que le dénominateur ait ces deux facteurs à la même puissance. Le dénominateur sera alors une puissance de 10, et la fraction sera décimale.

$$\text{Ainsi} \quad \frac{7}{20} = \frac{7}{2^2 \times 5} = \frac{7 \times 5}{2^2 \times 5^2} = \frac{35}{100} = 0,35.$$

71. **Théorème.** — *Si une fraction irréductible a à son dénominateur un autre facteur premier que 2 ou 5, elle ne peut être convertie en fraction décimale exacte.*

En effet, une fraction décimale (mise sous forme de fraction ordinaire) ne pourra égaler une fraction irréductible, qu'autant que ses termes sont équimultiples des termes de celle-ci (58) : or il est impossible (48) que le dénominateur d'une fraction décimale soit multiple d'un autre contenant un autre facteur premier que 2 ou 5.

72. **Fraction périodique.**

On appelle *fraction périodique* une fraction décimale dans laquelle une série de chiffres se répète indéfiniment. Cette série s'appelle *période*. Suivant que la période commence ou non immédiatement après la virgule, la fraction est dite périodique *simple* ou *mixte*.

73. **Théorème.** — *Si une fraction irréductible contient à son dénominateur un autre facteur que 2 ou 5, elle donne lieu à une fraction périodique.*

Soit $\frac{8}{15}$ fraction irréductible dont le dénominateur contient le facteur 3. Si je divise 8 par 15 pour convertir $\frac{8}{15}$ en décimales, la division ne se terminera jamais (71). Mais chaque reste devant être plus petit que le diviseur, il y aura tout au plus 14 restes différents, et il arrivera un moment où un reste déjà obtenu se représentera, par suite on aura un quotient déjà obtenu; dès lors les restes successifs se reproduisent dans le même ordre ainsi que les quotients successifs, et on aura une fraction périodique.

74. **Théorème.** — *Une fraction périodique simple est égale à une fraction ordinaire dont le numérateur est la période, et dont le dénominateur se compose d'autant de 9 qu'il y a de chiffres dans la période.*

Soit la fraction 0.252525....

Nous avons 100 fois cette fraction $= 25.2525252525$, si je m'arrête à la 5e période.

» 1 fois » $= 0.2525252525$

» 99 fois » $= 25 - \frac{25}{100^5}$.

Or $\frac{25}{100^5}$ a un numérateur fixe et le dénominateur devient de plus en plus grand à mesure que je considère plus de périodes et la fraction devient aussi petite que je veux. Donc je puis dire 99 fois cette fraction $= 25$.

Donc

$$1 \text{ fois cette fraction} = \frac{25}{99}.$$

Scolie. Je remarque que la fraction ordinaire à laquelle donne lieu une périodique simple n'a à son dénominateur ni le facteur 2 ni le facteur 5.

Soit donc $\frac{7}{15}$ qui est irréductible et qui a à son dénominateur le facteur 5 avec un autre facteur

Il est clair que cette fraction donne lieu à une fraction périodique (73). La question est de savoir si elle est simple ou mixte.

Si elle était simple, elle devrait, d'après la remarque précédente, être égale à une fraction ordinaire qui simplifiée ne contiendrait à son dénominateur ni le facteur 2, ni le facteur 5, et par suite ne saurait être égale à $\frac{7}{15}$ (58. Scolie).

Donc $\frac{7}{15}$ ne peut donner lieu qu'à une fraction périodique mixte.

Donc *le signe auquel on reconnaît* si une fraction irréductible donne lieu à une fraction *périodique mixte*, c'est que son dénominateur *ait le facteur 2 ou 5 mêlé à d'autres facteurs.*

75. **Théorème.** — *Une fraction périodique mixte est égale à une fraction ordinaire ayant pour numérateur le nombre composé de la partie non périodique suivie de la partie périodique, mais diminué de la partie non périodique, et pour dénominateur un nombre composé d'autant de 9 qu'il y a de chiffres dans la période, suivis d'autant de zéros qu'il y a de chiffres dans la partie non périodique.*

Soit la fraction périodique mixte 0,32525...

Nous avons : $1000\,f = 325{,}2525\ldots$

$10\,f = 3{,}2525\ldots$

Donc $990\,f = 325-3 - \frac{25}{100^n}$ qui tend vers zéro.

et $f = \frac{325-3}{990}$

Scolie. Dans cette fraction, le numérateur ne peut se terminer par un zéro puisque les derniers chiffres de la période et de la partie non périodique ne peuvent être les mêmes ; le dénominateur se termine toujours par un zéro. Donc cette fraction simplifiée conserve toujours à son dénominateur le facteur 2 ou le facteur 5.

Soit donc la fraction irréductible $\frac{7}{9}$, qui n'a à son dénominateur ni le facteur 2, ni le facteur 5.

Il est clair d'abord qu'elle donne lieu à une fraction périodique (73). La question est de savoir si elle sera simple ou mixte.

Si elle était mixte, d'après la remarque précédente, elle devrait être égale à une fraction ordinaire qui simplifiée conserverait à son dénominateur ou le facteur 2, ou le facteur 5, et par suite ne saurait être égale à $\frac{7}{9}$ (58. Scolie).

Donc $\frac{7}{9}$ ne peut donner lieu qu'à une fraction périodique simple.

Donc *le signe auquel on reconnaît* si une fraction irréductible donne lieu à une fraction périodique simple, c'est que son dénominateur n'ait ni le facteur 2 ni le facteur 5.

CHAPITRE VII

Système métrique.

76. Système métrique.

Le *système métrique* est un ensemble de mesures qui toutes dérivent d'une seule appelée mètre : de là son nom.

Avant sa formation, il n'y avait pas en France d'uniformité dans les mesures : les différentes espèces de mesures n'avaient pas de rapports entre elles ; les multiples et les subdivisions de chaque mesure avaient avec cette mesure des rapports numériques ne suivant aucune loi uniforme.

Le système métrique, adopté dans toute la France, a établi l'uniformité : dans ce système toutes les mesures dérivent de l'une d'elles, du mètre ; de plus, les multiples et les subdivisions de chaque mesure sont liés avec cette mesure par la loi décimale.

77. Mètre, unité ou mesure de longueur.

Le *mètre* est la dix-millionième partie du quart du méridien terrestre. Il a été le résultat moyen de la mesure d'un arc de méridien obtenue en France par Delambre et Méchain ; au Pérou, par Bouguer et La Condamine ; vers le pôle Nord, par Maupertuis et Clairaut.

Le mètre étalon en platine est au Conservatoire.

Pour ses *multiples*, on emploie le myriamètre, le kilomètre, l'hectomètre, le décamètre ; pour ses *subdivisions*, on emploie le décimètre, le centimètre et le millimètre. Les mots grecs et latins indiquent respectivement les multiples et subdivisions qui correspondent aux divers ordres d'unités décimales.

Pour passer d'une unité à une autre, il suffit d'avancer la virgule ou de la reculer d'autant de rangs qu'il y a de l'une à l'autre, sans compter celle d'où l'on part. Ainsi :

$$325^{m},2543 = 3^{hm},252543 = 32525^{cm},43$$

La loi tolère, en général, pour les mesures, comme mesures effectives, leur double et leur moitié.

Les distances itinéraires s'évaluent en myriamètres, kilomètres, hectomètres.

Dans l'*arpentage* on choisit pour mesure le décamètre : c'est la longueur de la chaîne d'arpenteur. Les distances communes s'évaluent en mètres et décimètres; les petites longueurs en centimètres et millimètres.

La lieue de poste = 4000 mètres.

» terrestre = $\frac{1}{25}$ de degré = 4444^{m}, 4444 ....

» marine = $\frac{1}{20}$ » = 5555^{m}, 5555 ....

Le mille marin vaut $\frac{1}{3}$ de lieue marine = 1852^{m} environ.

Le nœud vaut $\frac{1}{120}$ de mille = 15^{m} environ.

78. Mètre carré, unité de surface.

Le *mètre carré* est un carré qui a un mètre de côté.

Ses multiples et subdivisions sont le myriamètre carré, le kilomètre carré....

Chaque unité vaut ici cent unités de l'ordre immédiatement inférieur.

Par suite, pour passer d'une unité à une autre, il faut suivre la règle donnée au n° précédent, en doublant le nombre des chiffres.

La surface d'un pays s'énonce en myriamètres carrés et kilomètres carrés.

Les *surfaces agraires* s'évaluent en hectares, ares et centiares.

L'are est un décamètre carré ; l'hectare qui vaut 100 ares est donc un hectomètre carré; le centiare qui est le centième de l'are vaut donc 1 mètre carré.

79. Mètre cube, unité de volume.

Le *mètre cube* est un cube qui a un mètre de chaque côté.

Ses multiples et subdivisions sont le myriamètre cube, le kilomètre cube, etc.... Chaque unité vaut 1000 unités de l'ordre immédiatement inférieur.

Par suite, pour passer d'une unité à une autre, il faut suivre la règle donnée (77) en triplant le nombre des chiffres.

Pour le *bois de chauffage*, on l'évalue en *stères* (mètre cube), décastères (10 stères) et décistères $\left(\frac{1}{10}\right.$ de stère.$\left.\right)$

Le stère, comme mesure effective, est un cadre en bois, composé d'une barre appelée sole et de deux montants verticaux. Les bûches se placent sur la sole, et la hauteur à laquelle on les élève est calculée de manière que le volume soit d'un mètre cube ; la sole a un mètre.

80. Litre, unité de capacité.

Le *litre* est un vase de forme cylindrique et qui a la capacité d'un décimètre cube.

S'il sert pour les liquides, la hauteur est double du diamètre de la base.

S'il sert pour les grains, la hauteur égale le diamètre de la base.

Ses multiples et subdivisions sont employés depuis l'hectolitre jusqu'au centilitre.

81. Gramme, unité de poids.

Le *gramme* est le poids, dans le vide, d'un centimètre cube d'eau distillée à 4° centigrades, c'est-à-dire à son maximum de densité.

Tous les composés sont employés sauf le myriagramme.

Les fortes pesées s'évaluent en *quintaux* (100 kilog.) et en *tonnes*, ou tonneaux, ou milliers (1000 kilog.).

82. Franc, unité de monnaie.

Le *franc* est une pièce d'argent pesant 5 grammes, contenant 0.835 d'argent et 0.165 de cuivre.

On appelle en général *titre d'un alliage*, le rapport du poids du métal précieux au poids total.

Le titre des monnaies d'argent est de 0.835 pour les monnaies inférieures à 5 francs; pour les monnaies de 5 francs, il est encore de 0,900.

Les monnaies d'or ont le titre de 0,900.

Les monnaies de bronze composées de 95 parties de cuivre, 4 d'étain et 1 de zinc, sont de 10, 5, 2, 1 centimes. Elles pèsent autant de grammes qu'elles valent de centimes.

Le rapport de la valeur de l'or monnayé à celle de l'argent monnayé, pour un même poids, est de 15,5. Le rapport de la valeur de la monnaie de bronze à la monnaie d'argent, pour un même poids, est de $\frac{1}{20}$. Les frais de fabrication sont de 6 fr. 70 par kilogramme d'or monnayé et 1 fr. 50 par kilogramme d'argent monnayé.

83. Conversion des anciennes mesures en nouvelles.

L'unité principale de longueur était autrefois *la toise;* elle avait 6 pieds, le pied avait 12 pouces et le pouce 12 lignes. Le mètre vaut 443,3 lignes.

La *livre poids* valait 2 marcs ; le marc huit onces ; l'once 8 gros ; le gros, 72 grains. Le kilogramme vaut 18827, 15 grains.

La *livre monnaie* valait 20 sous, le sou 12 deniers.

Un franc vaut $\frac{81}{80}$ de livre.

CHAPITRE VIII

Racine carrée.

84. **Carré. Racine carrée.**

On appelle *carré d'un nombre*, le produit de deux facteurs égaux à ce nombre.

La *racine carrée d'un nombre* est le nombre qui élevé au carré reproduit le premier. Ainsi 5 est la racine carrée de 25, ce qui s'écrit $5 = \sqrt{25}$.

85. **Carré d'une somme. Carré d'un nombre composé de dizaines et d'unités.**

Nous voyons que $(a + b)^2 = (a + b)(a + b)$.
$= (11)\ a(a + b) + b(a + b)$.
$= a^2 + ab + ab + b^2$.
$= a^2 + 2ab + b^2$.

Donc le carré d'un nombre composé de dizaines et d'unités, se compose du carré des dizaines, plus du double produit des dizaines par les unités, plus du carré des unités.

86. **Carré d'un produit, d'une fraction.**

On élève au carré un produit en élevant au carré chaque facteur.

En effet : $(ab)^2 = (ab)(ab)$ (84) $= abab$ (10) $= aabb$ (8) $= a^2b^2$ (10).

C'est donc que $\sqrt{a^2b^2} = ab$. On extrait donc la racine d'un produit en extrayant la racine de chaque facteur.

On élève au carré une fraction en élevant au carré chaque terme.

En effet $\left(\frac{a}{b}\right)^2 = \frac{a}{b} \times \frac{a}{b} = \frac{a^2}{b^2}$.

C'est donc que $\sqrt{\frac{a^2}{b^2}} = \frac{a}{b}$. On extrait donc la racine d'une fraction en extrayant la racine de chaque terme.

87. **Racine carrée d'un nombre moindre que 100.**

Connaissant les carrés des 9 premiers nombres, on voit immédiatement quel est le plus grand carré entier exact contenu dans le nombre donné.

Ainsi $\sqrt{54} = 7$ à 1 près.

88. **Théorème.** — *On ne peut exprimer en nombre la racine carrée d'un nombre entier quand elle n'est pas entière.* — En d'autres termes, quand la racine d'un nombre entier n'est pas entière, elle est *incommensurable.*

Soit $\sqrt{7}$ compris entre 2 et 3. Si une fraction $\frac{a}{b}$ (qu'on peut toujours supposer réduite à sa plus simple expression) égalait $\sqrt{7}$, on aurait (86) $\frac{a^2}{b^2} = 7$, et b^2 diviserait a^2, ce qui est impossible (44).

89. **Racine carrée d'un nombre quelconque.**

Soit à extraire la racine carrée de 2948.

Je remarque d'abord que ce nombre étant > 100, sa racine est > 10. Je dis que pour avoir les dizaines de la racine, il suffit d'extraire la racine des centaines, ici de 29, ce que je sais faire (87), et ce qui me donne 5. Nous pouvons écrire :

$$5^2 < 29 < 6^2$$

D'où en multipliant par 100 :

$$5^2 \times 100 < 2900 < 6^2 \times 100$$

Dans la première inégalité, il y avait au moins 1 de différence entre les deux derniers membres ; dans la seconde, il y aura donc au moins 100 de différence ; donc l'inégalité subsistera si nous remplaçons 2900 par 2948, et nous avons :

$$5^2 \times 100 < 2948 < 6^2 \times 100$$

d'où en extrayant la racine carrée de chaque membre :

$$5 \times 10 < \sqrt{2948} < 6 \times 10$$

Donc la racine du nombre donné est compris entre 50 et 60 ; donc 5 est bien le chiffre des dizaines de la racine.

Si je soustrais de 2948 le carré de 50 ou 2500, il reste 448 qui contient encore (si j'appelle a les dizaines et b les unités) $2ab + b^2$ + peut-être un reste.

Si je connaissais 2ab, en le divisant par 2a, j'aurais b.

Or 2ab donnant un nombre exact de dizaines est contenu dans les dizaines de 448 ou dans 440 ; donc si je divise 440 par 2a ou 100, ou, ce qui revient au même, 44 par 10, ce qui me donne 4, j'aurais b ou un chiffre trop fort.

Pour voir s'il n'est pas trop fort, je forme $2ab + b^2$ ou $(2a + b) b$ ou $(100 + 4) \times 4$ ou 104×4 ou 416. 416 pouvant se retrancher de 448, 4 n'est pas trop fort ; donc 54 est la racine de 2948 à 1 près.

Nota. Si le nombre donné avait plus de 4 chiffres, s'il était, par exemple, 294876, on prouverait comme plus haut, que pour avoir les dizaines de la racine, il suffit d'extraire la racine des centaines, c'est-à-dire de 2948, ce que nous savons faire et qui nous donne 54.

Je retranche 540^2 de 294876, ce qui me donne 3276.

En raisonnant comme plus haut, je divise 3270 par 2×540, ou 1080 ou 327 par 108, ce qui me donne 3. Je vois que 3 n'est pas trop fort en formant $2ab + b^2$ ou $(2a + b) b$ ou $(1080 + 3) \times 3$ ou 1083×3 ou 3249 qui peut se soustraire de 3276.

Ce raisonnement pourrait se répéter quel que soit le nombre de chiffres du nombre donné.

Donc Règle : Partager, à partir de la droite, le nombre en tranches de 2 chiffres : extraire la racine de la première tranche à gauche.

Soustraire de cette tranche le carré de cette racine :

A droite du reste, abaisser la tranche suivante :

Diviser le nombre N ainsi formé, abstraction faite du dernier chiffre, par le double de la partie trouvée à la racine ;

Ecrire le quotient à côté de ce double :

Multiplier par le même quotient le nombre ainsi formé :
Retrancher le produit du nombre N.
A droite du reste, abaisser la tranche suivante; diviser, etc.

Opération théorique

```
29.48.76 | 543
25 00    | 104   1083
 44.8    |   4      3
 41 6    | 416   3249
   3276
   3249
     27
```

Opération pratique

```
29.48.76 | 543
 4 4.8   | 104
   3 276 | 1083
      27
```

90. **Différence entre les carrés de deux nombres consécutifs.**

Le carré de a est a^2; le carré de $a+1 = (85)\ a^2+2a+1$.
Donc la différence est $2a+1$.

Donc la différence entre les carrés des deux nombres consécutifs est deux fois le plus petit nombre + 1.

Parfois, dans l'opération précédente (89), pour éviter les tâtonnements, dans la division par le double de la racine, on admet un chiffre trop faible. On reconnaît qu'il est trop faible, quand le reste obtenu dans la soustraction subséquente est $> 2a$ ou > 2 fois la partie trouvée dans la racine.

91. **Racine carrée d'un nombre quelconque à une unité décimale près.**

Règle : 1° Considérer dans le nombre donné (converti en décimales s'il le faut) deux fois autant de décimales qu'on veut en avoir à la racine. 2° Extraire la racine du nombre ainsi déterminé sans avoir égard à la virgule, en séparant au résultat le nombre voulu de décimales.

Soit à extraire à 0,01 près la racine de 3,1415926, j'opère suivant la règle :

```
31415 | 177
214   | 27
 2515 | 347
   86
```

J'ai donc $177^2 < 31415 < 178^2$

Et comme il y a au moins 1 de différence entre les 2 derniers membres

$$177^2 < 31415,926... < 178^2$$

ou en divisant chaque membre par 10000

$$\frac{177^2}{10000} < 3,1415926 < \frac{178^2}{10000}$$

d'où en extrayant la racine dans les 3 membres

$$\frac{177}{100} \text{ ou } 1,77 > \sqrt{3,1415926} < \frac{178}{100} \text{ ou } 1,78$$

d'où 1,77 est exact à moins de 0,01 par défaut.

92. Extraire la racine carrée d'un nombre quelconque A à $\frac{1}{n}$ près.

$$\text{Nous avons } \sqrt{A} = \sqrt{\frac{An^2}{n^2}} = \frac{\sqrt{An^2}}{n}$$

Si j'ai la racine du numérateur à 1 près, j'ai la racine de A à $\frac{1}{n}$ près.

CHAPITRE IX

Proportions.

93. **Rapports et proportions.**

On appelle *rapport* de deux nombres le quotient de ces nombres.

$$\text{Ex. : } \frac{2}{3}$$

On appelle *proportion* l'expression de l'égalité de deux rapports.

$$\text{Ex. : } \frac{2}{3} = \frac{4}{6}.$$

Dans cette proportion, le premier et le dernier terme s'appellent *extrêmes*, les deux autres, *moyens*.

Un terme est dit *moyen proportionnel* entre deux autres quand il est deux fois moyen dans une proportion où les deux autres sont extrêmes.

Un terme est dit *quatrième proportionnel* par rapport à trois autres, quand il est le quatrième terme d'une proportion où les trois autres sont les trois premiers termes.

94. **Théorème.** — *Dans toute proportion, le produit des extrêmes est égal à celui des moyens.*

$$\text{Soit la proportion } \frac{2}{3} = \frac{4}{6}$$

J'ai, en multipliant les 2 membres par le produit des dénominateurs :

$$\frac{2\times3\times6}{3} = \frac{4\times3\times6}{6} \quad \text{ou} \quad 2\times6 = 4\times3.$$

95. **Réciproque.** *Si 4 nombres sont tels que le produit des extrêmes est égal à celui des moyens, ces 4 nombres forment proportion.*

Soit 2 3 4 6 tels que

$$2 \times 6 = 3 \times 4.$$

Nous avons en divisant les deux membres par 3×6 :

$$\frac{2 \times 6}{3 \times 6} = \frac{3 \times 4}{3 \times 6} \quad \text{ou} \quad \frac{2}{3} = \frac{4}{6}.$$

CONSÉQUENCE : Étant donné une proportion, on pourra donc changer les moyens de place, changer les extrêmes de place, mettre les extrêmes à la place des moyens, ou en général produire un changement qui laissera le produit des extrêmes égal à celui des moyens, et il y aura encore proportion.

96. **Théorème.** — *Dans toute proportion, le rapport entre la somme* (ou la différence) *des deux premiers termes et le second est égal au rapport entre la somme* (ou la différence) *des deux derniers et le quatrième.*

Soit $\frac{a}{b} = \frac{c}{d}$. J'ajoute 1 de part et d'autre.

J'ai $\frac{a}{b} + 1 = \frac{c}{d} + 1$

$$\frac{a}{b} + \frac{b}{b} = \frac{c}{d} + \frac{d}{d} \quad \text{ou} \quad \frac{a+b}{b} = \frac{c+d}{d}$$

Même preuve, pour la différence, en retranchant 1.

97. **Théorème.** — *Dans toute proportion, le rapport entre la somme* (ou la différence) *des deux premiers termes et le premier est égal au rapport entre la somme* (ou la différence) *des deux derniers et le troisième.*

Soit la proportion $\frac{a}{b} = \frac{c}{d}$ (1)

Nous avons (96) $\frac{a+b}{b} = \frac{c+d}{d}$ (2)

Donc en divisant (2) par (1) membre à membre :

$$\frac{a+b}{a} = \frac{c+d}{c}$$

Même preuve pour la différence.

98. **Théorème.** — *Le rapport entre la somme et la différence des deux premiers termes est égal au rapport entre la somme et la différence des deux derniers.*

$$\text{Soit } \frac{a}{b} = \frac{c}{d}.$$

Nous avons (96)

$$\frac{a+b}{b} = \frac{c+d}{d} \qquad (1)$$

Et aussi

$$\frac{a-b}{b} = \frac{c-d}{d} \qquad (2)$$

d'où, en divisant (1) par (2)

$$\frac{a+b}{a-b} = \frac{c+d}{c-d}.$$

99. **Théorème.** — *Dans une suite de rapports égaux, la somme des numérateurs est à la somme des dénominateurs comme un numérateur quelconque est à son dénominateur.*

Soit $\frac{a}{b} = \frac{c}{d} = \frac{e}{f}$; j'appelle r ce rapport.

J'ai
$$a = br$$
$$c = dr$$
$$e = fr$$
$$a+c+e = br+dr+fr = (b+d+f)\times r$$

d'où en divisant par la parenthèse :

$$\frac{a+c+e}{b+d+f} = r = \frac{a}{b}$$

CHAPITRE X

Problèmes divers.

100. **Règle de trois.** (Voir à l'*Appendice* Nota IV.)

Il faut d'abord savoir que deux espèces de grandeurs sont dites directement ou inversement proportionnelles entre elles quand l'une devenant par exemple trois fois plus grande, l'autre devient trois fois plus grande ou plus petite.

On appelle *règle de trois* une règle qui apprend à trouver une inconnue au moyen de trois quantités connues, dont l'une est de l'espèce de l'inconnue, et les deux autres d'une espèce directement ou inversement proportionnelle à l'espèce de l'inconnue.

Une *règle de trois composée* est une règle qui apprend à trouver la valeur d'une inconnue qui dépend de plusieurs espèces de quantités directement ou inversement proportionnelles à l'inconnue.

— Soit à résoudre le problème suivant : 5 livres coûtent 2 francs, combien coûtent 9 livres?

Je dis : 5 livres coûtent 2 francs.

1 — — 5 fois moins ou $\frac{2}{5}$

9 — — 9 fois plus ou $\frac{2 \times 9}{5}$

Je remarque qu'en disposant les données comme ci-dessous :

5 livres coûtent 2 francs.

9 — x

Je n'aurais eu pour obtenir l'inconnue x qu'à diviser la quantité correspondante 2 par le rapport $\frac{5}{9}$.

— Soit encore le problème suivant : 5 ouvriers emploient 2 jours pour faire un ouvrage. Combien auraient employé 9 ouvriers ?

Je dis : 5 ouvriers emploient 2 jours

1 — 5 fois plus de jours ou 2×5

9 — 9 fois moins de jours ou $\frac{2 \times 5}{9}$

Je remarque qu'en disposant les données comme plus haut,

5 ouv.	2 j.
9	x.

Je n'aurais eu pour obtenir l'inconnue x qu'à multiplier la quantité correspondante 2 par le rapport $\frac{5}{9}$

Cette méthode de résoudre les problèmes s'appelle *méthode de réduction à l'unité*.

La règle qui donne immédiatement la valeur de x, c'est *la règle de trois simple* :

directe, dans le 1er cas, c'est-à-dire quand les deux espèces de quantités augmentent l'une en proportion de l'autre ;

inverse, dans le 2d cas, c'est-à-dire quand les grandeurs sont telles que l'une augmentant, l'autre diminue en proportion.

— Soit encore le problème suivant : 10 ouvriers ont employé 3 jours en travaillant 4 heures par jour, pour creuser un fossé de 8m de longueur et 5 de largeur. Combien de jours emploieront 9 ouvriers travaillant 6 heures par jour pour faire un fossé de 30m de longueur et 12m de largeur ?

J'emploie encore la méthode de réduction à l'unité, et je dis :

10 ouv. employant	4 h. par j. ont...	8 m. de long. et	5 m. de larg. en	3 jours.
1	....	....	....	3×10
1	1	....	....	$3 \times 10 \times 4$
1	1	1	....	$\dfrac{3 \times 10 \times 4}{8}$
1	1	1	1	$\dfrac{3 \times 10 \times 4}{8 \times 5}$
9	....	....	....	$\dfrac{3 \times 10 \times 4}{8 \times 5 \times 9}$
9	6	....	....	$\dfrac{3 \times 10 \times 4}{8 \times 5 \times 9 \times 6}$
9	6	30	....	$\dfrac{3 \times 10 \times 4 \times 30}{8 \times 5 \times 9 \times 6}$
9	6	30	12	$\dfrac{3 \times 10 \times 4 \times 30 \times 12}{8 \times 5 \times 9 \times 6}$

Je remarque que si j'avais disposé les données comme plus haut :

10 ouv.	4 h.	8 long.	5 larg.	3 j.
9	6	30	12	x

je n'aurais eu pour obtenir x qu'à diviser ou multiplier la quantité correspondante 3 par les rapports $\frac{10}{9}$, $\frac{4}{6}$, $\frac{8}{30}$, $\frac{5}{12}$ suivant que les quantités dont il s'agit dans ces rapports sont directement ou inversement proportionnelles à l'inconnue : C'est *la règle de trois composée.*

$$x = 3 \times \frac{10}{9} \times \frac{4}{6} \times \frac{30}{8} \times \frac{12}{5} = 20 \text{ jours.}$$

Nota. Si dans ce résultat j'isole les quantités fixes, c'est-à-dire celles qui se trouvent à la première ligne dans la disposition des données, et les quantités variables, c'est-à-dire celles qui se rapportent à l'inconnue dans la seconde ligne, j'ai

$$x = \frac{3\times10\times4}{8\times5}\times\frac{30\times12}{9\times6} = K\ (\text{constante}) \times \frac{30\times12}{9\times6}.$$

Je remarque que les quantités variables sont au numérateur ou au dénominateur suivant qu'elles sont en raison directe ou inverse avec l'inconnue.

Cette remarque permet de lire les lois qui lient les quantités dans les formules mathématiques et physiques. C'est ainsi que dans la formule des intérêts du n° (101) $I = \frac{Cit}{100}$, on voit immédiatement que l'intérêt varie en raison directe du capital, ou du temps, ou du taux.

101. Règle d'intérêt.

On appelle *intérêt* le profit qui résulte du prêt d'une somme. La somme prêtée s'appelle *capital*; le bénéfice de 100 francs placés pendant 1 an s'appelle *taux*.

Établissement des formules.

Soit à trouver l'intérêt de C francs placés pendant t ans à i %. Je dis en employant la méthode de réduction à l'unité :

100 fr.	en 1 an rapportent	i
1		$\frac{i}{100}$
C		$\frac{Ci}{100}$
C	t	$\frac{Cit}{100}$

D'où la règle dite d'intérêt indiquée par la formule $I = \frac{Cit}{100}$.

Multiplier le capital par le taux et le produit par le temps, et diviser par 100.

On verrait de même que si le temps était donné en mois, n étant le nombre de mois, on aurait $I = \frac{C i n}{1200}$.

Si le temps est donné en jours, la formule devient (en ne comptant que 360 jours dans l'année suivant l'usage) $I = \frac{c i n}{36000}$.

Application aux comptes courants.

Cette formule $\frac{c i n}{36000}$ peut s'écrire $c n \times \frac{i}{36000}$. En style commercial, $c n$ s'appelle *Nombre* : $\frac{i}{36000}$ devient $\frac{6}{36000}$ ou $\frac{1}{6000}$; $\frac{5}{36000}$ ou $\frac{1}{7200}$; $\frac{4.5}{36000}$ ou $\frac{1}{8000}$; $\frac{4}{36000}$ ou $\frac{1}{9000}$; $\frac{3}{36000}$ ou $\frac{1}{12000}$, suivant que les taux sont 6, 5, 4 ½, 4, 3. Les nombres 6000, 7200, 8000, 9000, 12000 s'appellent *Diviseurs*. Donc, dans ce cas, *la règle d'intérêt peut s'exprimer ainsi : Diviser le Nombre par le Diviseur correspondant au taux*. Cette règle est utilisée dans les comptes courants dans lesquels, au lieu de calculer séparément l'intérêt des sommes soit du côté du *doit* soit du côté de l'*avoir*, pendant un temps déterminé plus ou moins long, on calcule seulement les Nombres de part et d'autre, on fait la somme de part et d'autre, et on divise par le Diviseur la différence de ces deux sommes.

Calcul par parties aliquotes.

Si dans les expressions $\frac{c n}{6000}$, $\frac{c n}{7200}$, $\frac{c n}{8000}$, $\frac{c n}{9000}$, $\frac{c n}{12000}$, c devient 100, nous voyons que ces expressions deviennent égales à l'unité pour n = 60, 72, 80, 90, 120. Donc toute somme rapporte son centième en 60, 72, 80, 90, 120 jours, aux taux respectifs 6, 5, 4 ½, 4, 3.

De là le *calcul de l'intérêt par parties aliquotes* :

Soit à trouver l'intérêt de 3675 fr. en 87 jours à 5 %.

Je dis : Ils rapportent en 72 jours.............. 36 f. 75 : 36 f. 75

en 12 — ou $\frac{72}{6}$ ... $\frac{36\text{ f. }75}{6}$ ou 6 f.125

en 3 ou $\frac{12}{4}$ ... $\frac{6\text{ f.}125}{4}$ ou 1 f.531

en 87 jours.......................... 44 f.406

Question des rentes.

Ici arrive la question des *rentes sur l'État*.

Quand l'État emprunte, il délivre des bons de 3, 4, 4 1/2 % pour un prix donné qui n'est pas nécessairement 100 francs. Généralement il ne rembourse pas, bien qu'il ait le droit de rembourser au pair.

Ces bons donnent droit à une rente annuelle de 3, 4, 4 1/2 et qui se paie en 2 ou 4 fois chaque année à une époque fixée.

Les possesseurs de ces bons en font commerce et peuvent les vendre à la Bourse. On dit que le cours du 3 % est à 52, quand le bon de 3 % se vend 52 fr. à la Bourse. Ce commerce se fait par des agents qu'on appelle courtiers et qui ont droit à $\frac{1}{8}$ % ou $\frac{1}{800}$ de la somme payée pour la vente des titres.

Au courtage, il faut ajouter un droit de timbre de 0,60 pour tout capital inférieur à 10000 fr. et de 1 fr. 80 pour tout capital qui va à 10000 fr.

Voici quelques problèmes types qui se résolvent par la règle de trois.

1er Problème. Je veux acheter 1500 fr. de rentes 3 % au cours de 57.20 : Combien faudra-t-il débourser ?

Je dis 3 fr. de rente coûtent 57.20

1 — $\frac{57.20}{3}$

1500 — $\frac{57.20 \times 1500}{3}$ = 28600

Le $\frac{1}{8}$ pour 100 donne $\frac{28600}{800}$ = $\frac{286}{8}$ = 35.75 35,75

Pour timbre 1.80

Donc il faudra débourser 28637,55

2° Une personne achète 2400 fr. de rente 3 %, le cours était de 67,45 ; quelques jours après, elle revend au cours de 69,10. Combien a-t-elle gagné ?

Je dis : Le prix d'achat du 3 % $= 67,45 + \frac{67,45}{800} = 67,53431$;

Le prix de vente $= 69,10 - \frac{69,10}{800} = 69,013625$

Le bénéfice est donc pour 3 fr. de rente 1,479315

Pour 2400 : $\frac{1,479315 \times 2400}{3} = 1183,45$

Donc, en retranchant les deux timbres, bénéfice net : 1179,85

102. Règle d'Escompte.

Quand un négociant doit une somme payable dans 3 mois, par exemple, il donne à son créancier un billet sur lequel se trouve le montant de la somme due avec le terme de l'échéance. Il arrive que ce créancier veut avoir tout de suite de l'argent. Il va trouver le banquier, qui, conservant le billet, en paie le montant en retenant l'intérêt de la somme jusqu'à l'échéance. Cette retenue s'appelle *escompte*.

En France, on retient l'intérêt de la *valeur nominale* de la somme, c'est-à-dire de la valeur indiquée sur le billet. Cet escompte, appelé *escompte en dehors*, se calcule comme une question d'intérêt, et est donné par la formule $I = \frac{c\,i\,t}{100}$.

Dans d'autres pays on est plus juste. On retient sur le billet non pas l'intérêt de sa valeur nominale, mais l'intérêt de sa *valeur réelle*, et par suite on paie au porteur une somme telle que cette somme placée à intérêt jusqu'à l'échéance aurait alors la valeur nominale du billet.

Voici le raisonnement que l'on fait pour avoir cette valeur réelle :

105 fr. (au taux 5) payables dans 1 an valent maintenant 100 fr.

100 + 10 . . . . 2 ans 100

100 + it (au taux i) . . . . . . t ans 100

1 . . . . $\frac{100}{100 + it}$

c . . . . $\frac{100\,c}{100 + it}$

Voilà donc ce que paiera le banquier. — Que retiendra-t-il ?

$$C = c - \frac{100\,c}{100 + it} = \frac{100\,c + cit - 100\,c}{100 + it} = \frac{cit}{100 + it}$$

C'est la formule de l'*escompte en dedans*.

103. **Règle des partages proportionnels.**

Soit à partager 60 en parties proportionnelles à 2, 3, 5.

Je dis : Si 2 + 3 + 5 ou 10 était à partager de cette manière, les parts seraient 2, 3, 5.

Si 1 . . . . $\frac{2}{10}$ $\frac{3}{10}$ $\frac{5}{10}$

Si 60 . . . . $\frac{2 \times 60}{10}$ $\frac{3 \times 60}{10}$ $\frac{5 \times 60}{10}$

Donc Règle : Multiplier la somme à partager par chacun des nombres et diviser le produit par la somme de ces nombres.

Soit à partager un nombre en parties proportionnelles à

$$\frac{2}{3},\ \frac{3}{4},\ \frac{5}{6} ;$$

La question revient à le partager en parties proportionnelles à

$$\frac{8}{12}\quad \frac{9}{12}\quad \frac{10}{12}$$

On a 8, 9, 10, ce qui ramène au cas précédent.

104. Règle de Société.

Quand on s'associe dans une entreprise financière, on partage le bénéfice ou la perte en proportion de sa mise et du temps de placement.

Quand le temps de placement est le même, la règle de société revient à la précédente parce qu'elle consiste à partager le bénéfice ou la perte en parties proportionnelles aux mises.

Si le temps de placement n'est pas le même, comme 1000 fr. placés pendant trois mois reviennent à 1000 × 3 placés pendant un mois, on ramène les mises à un même temps de placement, et on agit comme dans le premier cas.

Quand on veut exécuter une entreprise qui demande des capitaux considérables, on crée des actions de 500 fr., de 1000 fr., jusqu'à concurrence du capital nécessaire. Les acquéreurs de ces actions ont droit à une part proportionnelle au nombre d'actions dans le bénéfice de l'entreprise. Ce droit au bénéfice peut se vendre comme les rentes à la bourse.

105. Règle de mélange ou d'alliage.

Soit à résoudre le problème suivant : On fond ensemble 25 k. d'argent au titre de 0.820, et 32 k. au titre de 0.750. Quel est le titre de l'alliage ?

Je dis :

Les 25 k. au titre de 0.820 contiennent 0.820 × 25 k. ou 20 k. 5 d'argent.

Les 32 k. — 0.750 — 0.750 × 32 k. ou 24 k. —

Donc les 57 k. d'alliage — 44 k. 5 —

Donc 1 k. d'alliage contient $\frac{44.5}{57} = 0.780$

Le titre cherché est donc 0.780.

Si nous voulons opérer d'une manière générale, nous voyons qu'en appelant p et p' les poids des lingots, r, r' leurs titres, on obtiendrait comme titre de l'alliage

$$\frac{pr + p'r'}{p + p'}.$$

Soit à résoudre le problème inverse :

Combien faut-il allier d'or pur à 25 k. d'or au titre de 0,850 pour que le titre de l'alliage soit 0,900.

Je dis :

1000 gr. d'or pur contiendraient 100 gr. d'or en trop.
1000 » au titre de 0,850 » 50 » » moins.

Si donc j'allie 50 du premier à 100 du second, il y aura compensation.

On doit donc avoir : $\frac{\text{Poids d'or pur}}{\text{Poids d'or à 0,850 ou 25}^k} = \frac{50}{100}$

d'où poids d'or pur $\frac{25 \times 50}{100} = 12^k5$

106. Règle des moyennes arithmétiques.

On appelle moyenne arithmétique entre plusieurs quantités le quotient de leur somme par leur nombre.

Ex. : 3 thermomètres ont marqué l'un 26°, un second $27\frac{1}{3}$ et le troisième $25\frac{2}{3}$. Quelle est la moyenne ?

$$\frac{26 + 27\frac{1}{3} + 25\frac{2}{3}}{3} = \frac{79}{3} = 26\frac{1}{3}.$$

APPENDICE

sur les théorèmes relatifs à la division.

Nota I. — Si l'on divise un nombre par les facteurs d'un produit indiqué en ne prenant que les quotients entiers, le quotient entier définitif est encore le même que celui que l'on aurait en divisant le nombre par le produit.

Soit N à diviser par abc, à 1 près.

Je le divise par a : j'ai pour quotient entier q et pour reste r.

J'ai donc $$N = aq + r.$$

Je divise q par b : j'ai pour quotient entier q′ et pour reste r′.

J'ai donc $q = bq' + r'$ et par suite $N = abq' + ar' + r$.

Je divise q′ par c : j'ai q″ pour quotient entier et r″ pour reste.

J'ai donc $$q' = cq'' + r''.$$

Donc $$N = abcq'' + abr'' + ar' + r.$$

Tout est prouvé, si $abr'' + ar' + r$ est $<$ le diviseur abc.

Or r″ vaut au plus $c - 1$; r′ vaut au plus $b - 1$, et r vaut au plus $a - 1$.

Donc $abr'' + ar' + r$ vaut au plus $abc - ab + ab - a + a - 1$ ou $abc - 1$.

APPENDICE

relatif aux propriétés des fractions ordinaires.

Nota II. On peut se demander ce qui arrive quand on ajoute un même nombre aux deux termes d'une fraction.

Soit une fraction $\frac{a}{b}$; je me demande si $\frac{a+n}{b+n}$ est $>$ ou $<$ que $\frac{a}{b}$.

Je cherche la différence.
Nous avons

$$\frac{a+n}{b+n} - \frac{a}{b} = \frac{ab+bn-ab-an}{b(b+n)} = \frac{bn-an}{b(b+n)} = \frac{(b-a)n}{b(b+n)}$$

ou $b > a$, et alors cette différence est positive;
ou $b = a$, et elle est nulle;
ou $b < a$, et alors la soustraction est impossible, ce qui indique que $\frac{a+n}{b+n}$ est $< \frac{a}{b}$.

Donc quand on ajoute un même nombre aux deux termes d'une fraction, cette fraction devient plus grande, reste égale, devient plus petite suivant que l'expression de forme fractionnaire est < 1 ou $= 1$ ou > 1.

APPENDICE

relatif au calcul des fractions ordinaires à termes fractionnaires.

Nota III. — Les règles de la multiplication et de la division des fractions sont applicables au cas où leurs termes sont eux-mêmes fractionnaires.

Voici la preuve pour la multiplication :

$$\frac{\frac{a}{b}}{\frac{c}{d}} \times \frac{\frac{a'}{b'}}{\frac{c'}{d'}} = (63)\ \frac{ad}{bc} \times \frac{a'd'}{b'c'} = (62)\ \frac{aa'dd'}{bb'cc'} = (63)\ \frac{\frac{aa'}{bb'}}{\frac{cc'}{dd'}}$$

Voici la preuve pour la division :

$$\frac{\frac{a}{b}}{\frac{c}{d}} : \frac{\frac{a'}{b'}}{\frac{c'}{d'}} = (63)\ \frac{ad}{bc} : \frac{a'd'}{b'c'} = (63)\ \frac{adb'c'}{bca'd'} = (63)\ \frac{\frac{ac'}{bd'}}{\frac{ca'}{db}}$$

APPENDICE

relatif à l'évaluation du rapport de deux grandeurs.

Nota IV. — Nous avons appelé Nombre le résultat de la comparaison d'une quantité avec son unité.

Si la quantité contient l'unité un nombre exact de fois, le nombre est entier; sinon, il sera fractionnaire.

On appelle rapport de deux quantités, le nombre qui représente l'une, quand l'autre est prise pour unité.

Je vais prouver que le rapport de deux grandeurs est le quotient des nombres qui les expriment par rapport à une commune unité ou commune mesure.

J'appelle c une mesure commune à A et à B.

Soit $A = 2c$, $B = 9c$. Dire que $B = 9c$ c'est dire que $c = \frac{B}{9}$.

Donc $A = \frac{2B}{9}$. Donc $\frac{2}{9}$ est le rapport de A à B pris pour unité.

Soit encore $A = \frac{2}{3}c$, $B = \frac{5}{7}c$; Dire que $B = \frac{5}{7}c$, c'est dire que $c = \frac{7}{5}B$.

Donc $A = \frac{2}{3} \times \frac{7}{5} B = \frac{\frac{2}{3}}{\frac{5}{7}} B$. Donc $\frac{\frac{2}{3}}{\frac{5}{7}}$ est le rapport de A à B pris pour unité.

APPENDICE SUR LA RACINE CUBIQUE

1. Racine cubique.

On appelle *racine cubique* d'un nombre, le nombre qui élevé au cube reproduit le premier. Ainsi 5 est la racine cubique de 125, ce qui s'écrit $5 = \sqrt[3]{125}$.

2. Cube d'une somme.

On verrait comme au n° 85 que $(a + b)^3 = a^3 + 3a^2b + 3ab^2 + b^3$. Donc le cube d'un nombre composé de dizaines et d'unités se compose du cube des dizaines, plus du triple produit du carré des dizaines par les unités, plus du triple produit des dizaines par le carré des unités, plus du cube des unités.

3. Cube d'un produit, d'une fraction.

On prouve comme (86),

Qu'on élève au cube un produit en élevant au cube chaque facteur ;

Qu'on élève au cube une fraction en élevant au cube chaque terme ;

Qu'on extrait la racine cubique d'un produit en extrayant celle de chaque facteur,

Et qu'on extrait celle d'une fraction en extrayant celle de chaque terme.

4. Racine cubique d'un nombre moindre que 1000.

Sachant que les cubes des 9 premiers nombres sont

$$1,\ 8,\ 27,\ 64,\ 125,\ 216,\ 343,\ 512,\ 729,$$

on voit immédiatement quel est le plus grand cube entier exact contenu dans le nombre donné.

Ainsi, $\sqrt[3]{327} = 6$ à 1 près.

5. **Racine cubique d'un nombre entier.**

Soit à extraire la racine cubique de 42543543.

Je prouve d'abord que j'aurai les dizaines de la racine en extrayant la racine des mille ou de 42543. Soit d ce nombre.

Nous aurons en raisonnant comme (89)

$$d^3 < 42543 < (d+1)^3$$
$$1000\, d^3 < 42543000 < (d+1)^3 \times 1000$$
$$1000\, d^3 < 42543543 < (d+1)^3 \times 1000$$
$$10\, d < \sqrt[3]{42543543} < 10\,(d+1)$$

Donc la question revient à extraire la racine de 42543.

Pour avoir les dizaines de cette racine, je prouverais comme plus haut que je n'ai qu'à extraire celle de 42 qui est 3.

3 est donc le chiffre des dizaines de la racine de 42543.

Si vous retranchez de ce nombre le cube des dizaines de sa racine ou 27000, il reste 15543 qui contient encore $3a^2b + 3ab^2 + b^3 + r$. (a représentant la partie des dizaines, et b les unités.)

$3a^2b$ donne un nombre exact de centaines, donc est contenu dans les centaines de 15543 ou dans 15500. Donc si je divise 15500 par $3a^2$ ou par 3×900 ou par 2700, ou ce qui revient au même 155 par 27, j'aurai le chiffre des unités b ou un nombre trop fort. Pour voir si 5 ainsi trouvé n'est pas trop fort, je forme $3a^2b + 3ab^2 + b^3$ ou $(3a^2 + 3ab + b^2) \times b$ ou $(2700 + 450 + 25) \times 5$ ou 3175×5 ou 15875. Donc 5 est trop fort. Je le forme avec 4.

J'ai $(2700 + 360 + 16) \times 4$ ou 3076×4 ou 12304. 4 est donc bon. Je retranche 12304 de 15543 et il reste 3239.

3239543 contient encore $3a^2b + 3ab^2 + b^3 + r$, a étant maintenant 340 et b le chiffre des unités de la racine totale.

On continuerait de même

42543543	349	
27	2700	346800
15543	360	19180
12304	16	81
3239543	3076	356061
3204549		
34994		

6. **Différence entre les cubes de 2 nombres consécutifs.**

La différence entre

$$a^3 \text{ et } (a+1)^3 \text{ ou } a^3+3a^2+3a+1 \quad \text{est} \quad 3a^2+3a+1$$

On pourra donc s'assurer si, pour éviter les tâtonnements, on n'a pas mis comme quotient par $3a^2$ un chiffre trop faible.

7. **Racine cubique d'un nombre à une unité décimale près.**

Règle : 1° Considérer dans le nombre donné (converti en décimales, s'il le faut) 3 fois autant de décimales qu'on veut en avoir à la racine.

2° Extraire la racine du nombre ainsi déterminé sans avoir égard à la virgule, en séparant au résultat le nombre voulu de décimales.

Preuve comme (91).

TABLE

Préface v
Notions préliminaires 7
Chapitre I. — Numération des nombres entiers. . . . 8
Chapitre II. — Calcul des nombres entiers. 10
Chapitre III. — Propriétés des nombres entiers. . . . 22
Chapitre IV. — Fractions ordinaires 31
Chapitre V. — Fractions décimales 38
Chapitre VI. — Fractions périodiques. 41
Chapitre VII. — Système métrique. 45
Chapitre VIII. — Racine carrée. 49
Chapitre IX. — Proportions. 54
Chapitre X. — Problèmes divers. 57
Appendice sur les théorèmes relatifs à la division. . . . 67
Appendice relatif aux propriétés des fractions ordinaires. . 68
Appendice relatif au calcul des fractions ordinaires à termes fractionnaires. 69
Appendice relatif à l'évaluation du rapport de deux grandeurs. 70
Appendice sur la racine cubique 71

Lille. Typ. A. Taffin-Lefort. 1899.

www.ingramcontent.com/pod-product-compliance
Lightning Source LLC
LaVergne TN
LVHW020037170826
845678LV00001B/302

* 9 7 8 2 3 2 9 6 9 7 6 4 2 *